U0049652

● 三杯醋

適用於大部分的醋料理。

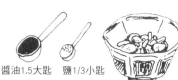

醋5大匙　　砂糖1.5大匙

醬油1.5大匙　鹽1/3小匙

加入適量高湯，口感會更圓潤。

● 壽司醋

用於壽司捲、散壽司、豆皮壽司等。

鹽1.5～2小匙

醋1/3杯、　砂糖1～1.5大匙
米3杯

鹽、砂糖可依個
人口味減量。

● 芝麻醬汁　用於涮涮鍋、生菜沙拉、
涼拌豆腐、白斬雞等。

芝麻1/2杯　醬油1/2杯　醬油1～2杯
以上

砂糖3大匙

高湯依個人口味增減。

● 麵沾醬（湯麵調味露）

高湯1杯　　醬油1/8杯

砂
1/

依個人口味，也可以將砂
糖加入味醂中，加鹽也可
以。全部混合煮開後，加
進麵裡。

調味料

調味料的喜好，會受到每個人的
齡、習慣、家庭結構等各種因素
響，請以本表為基礎，多試做幾
找出自己喜歡的調味。

● 煮魚　煮汁的基本。

高湯1大匙　醬油1大匙　砂糖1小匙

也可以用1大匙味
醂代替砂糖。煮汁
燒開後，再將魚放
入鍋中。

蕎麥麵沾醬（蕎麥麵調味露）

1杯　　醬油1/3杯　　　砂糖
　　　　　　　　　1.5～2大匙

用味醂代替砂
甜度依個人喜
減。全部混合
後，放涼。

基準表

書中所指的1杯為200cc，1大匙
15cc，1小匙為5cc。

式沙拉醬

菜沙拉醬的基本。

　　　　　　　　鹽1小匙　辣椒粉適量

杯　　油1/2杯　　胡椒1/4小匙

減少油的分量，做成
少拉時，可另外加入
。將醋改為檸檬或酒
也能享受不同的風味。

● 日式雜炊飯

雜炊飯的基本調味。

米3杯　　　　　　　　高湯3杯

　　　　　　　　　酒1/4杯、鹽少許

醬油1～2大匙

依照加入食材的味道，
來增減調味料。

● 壽喜燒　關東口味

高湯1杯　酒1杯　醬油1杯

　　　　　　　　　　砂糖
　　　　　　　　　　1/2杯

混合煮開後，加入壽喜燒食材。

關西口味

砂糖、醬油、味醂分量同上

煮肉的時候，放入砂糖、醬油、味醂，每家口
味都有些許不同。

● 和風沙拉醬　可使用於生菜沙拉

或冷涮料理，既清淡又爽口。

醋　　　醬油　　高湯　　　油
1/4杯　　1/4杯　2～3大匙　1大匙

想要做無油料裡時，
不要放油。可另外加
入柑橘類如柚、橙等
當季帶酸味的果汁。

生活圖鑑

成為家事好手的1200個技能

作者─越智登代子
繪者─平野惠理子

生活図鑑─
『生きる力』を楽しくみがく

前言

你曾經「離家出走」嗎？

留下一張「不要來找我」的紙條，然後躲在桌子底下，或者是在家附近的公園遊蕩……

這種可愛的離家出走經驗，每個人都曾經體驗過吧。

不過，即使你對「離家出走」沒有興趣，等到你逐漸長大成人，離開家裡獨立生活的日子最終也會到來。

自己煮飯、打掃、洗衣服，然後注意自己的健康狀況，舒適地過生活。

這些都是一個成人理所當然要做的事。不過，這些理所當然的事，其實需要具備各種知識與不斷地練習。然而這些事學校很少教，也沒考過試。因此，當我們在不知不覺之中長大，真的要「離家」的時候，便會感到不知所措。

舉例來說，你回到了家，平常都會等你回家對你說聲「回來啦！」的家人，如果不在的話，你該怎麼辦？

或許你會覺得很幸運，因為沒人在你耳邊囉唆「作業寫了沒？！」「你要看電視看到什麼時候！」不過，讓你傷腦筋的事一定很快就會發生。就像下一頁提到的例子一樣。在日常生活裡，有很多不可或缺的事物。

當然，有些事你自己一個人無法完成，但至少先從自己做得到的事，全部都自己來，而不要老是麻煩別人，如何？

一點一滴慢慢進步就好。一邊向家人請教，一邊增加自己能獨力完成的事吧。這是為了讓你能懷抱自信，迎接「獨立自主」的日子來臨。

這本書，是讓你邁向獨立自主的生活良伴。

第一次　看家

看家（342頁）

飯糰（22頁）

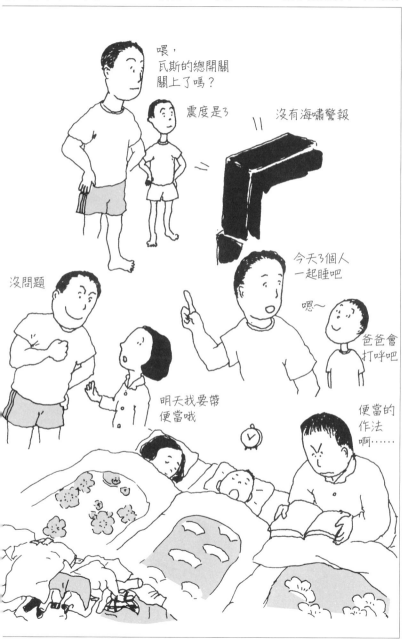

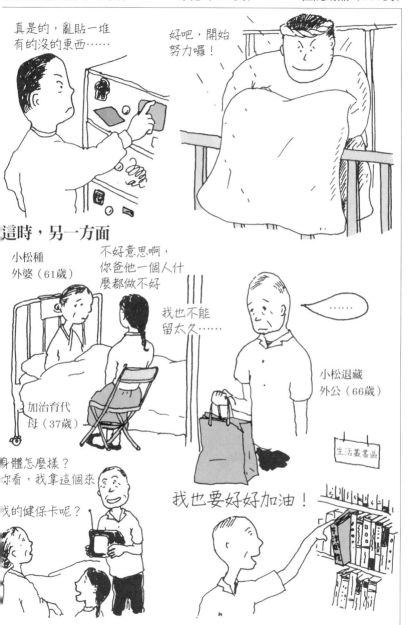

目錄

15

生活圖鑑

食 －飲食生活中，有許多新鮮事！

你喜歡吃些什麼？

有自己動手做過自己最愛吃的菜嗎？

有親自挑選、購買過自己喜歡的食材嗎？

如果總是讓家人幫你做好這些事，那麼你就不會知道如何享受飲食生活，也損失了很多樂趣。

在「食」這個字裡，包含了製作、使用、選擇、思考、決定，以及利用五感去品味……等要素。

既然是自己要吃的東西，那麼交給他人決定，不是很奇怪嗎？

況且，當自己有想要吃的東西時，可以自己做出來，那不是一件很棒的事嗎？只會空著肚子等家人回來做菜，那實在太可惜了。

當然，每個人剛開始一定都會有很多不懂的地方，所以，請家人協助，或者拿著這本書，每天看一點點，慢慢記下來就好了。

即使失敗了也沒有關係。只要是自己做出來的料理，一定能夠吃得津津有味。而只要做成功了，快樂的程度也會加倍。

「食」含有許多驚奇與新鮮的事，而找出這些趣事的主角就是你！

那麼，你會有什麼新發現呢？

料理　基本的關鍵

就算是一聽見「料理」就嫌麻煩的人，只要能記住以下的基本知識，接下來就簡單多了。
那麼，你可以放心離家出走囉！

電鍋或瓦斯爐當然要先準備好，只要知道水量，不論是用陶瓷鍋或者金屬鍋，都能隨時煮出一鍋香噴噴的飯。

●第一次煮飯也可以順利煮好的方法

用量杯量好米之後放進濾網，然後再把米洗乾淨。（量杯八分滿是1人份，約150公克。大概是2碗飯。量杯全滿就是1大碗公的量。）

放進濾網洗，米就不會灑出來，很方便。

①用大量的水沖洗。一開始1～2次馬上把水倒掉，以防止米糠的味道留在米上。

對齊刻度線。

②再洗4～5次，直到白色濁水逐漸變清澈為止。但是如果洗到完全變透明，那就代表洗了太多次了，米的營養成分也會被洗掉。

洗米的目的只是把米糠洗掉而已。

③浸泡在水裡30分鐘～1小時。
（讓每一粒米都能煮透、鬆軟）

④開關「啪」的一聲跳起來之後，要繼續燜10～15鐘。

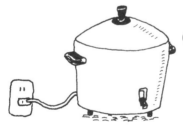

⑤由下往上用力翻攪米飯，去除多餘的水分就煮好了。如果還有一些米沒有煮透，那麼加入一點酒或水，再按下開關繼續燜煮一下。

水量

只要知道水量，即使用陶瓷鍋也可以煮飯。陶瓷鍋用厚一點的比較好。

老米
水是米的1.3倍

一般的米
水是米的1.2倍

新米
水是米的1.1倍

●你也可以這麼做

稀飯與米飯

放入盛粥用的碗，在碗裡加入適當的水量，這樣可以同時煮好飯和一碗粥。

水煮蛋與米飯

把洗乾淨的生雞蛋放進米裡一起煮。

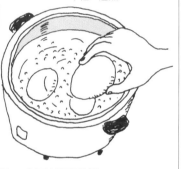

正確的稀飯作法　米用1份計算

全粥： 水加5倍（正月吃的七草粥就是這樣的分量）

七分粥： 水加7倍　　**五分粥：** 水加10倍

三分粥： 水加20倍（要煮米湯就用這個量）

大火煮滾後轉小火以免溢出鍋子，以小火煮30分鐘以上。關火前加鹽，一人份的粥約一小撮鹽。

譯註：在日本，有正月七日要吃七草粥來驅病避邪的習俗。
　　　所謂的七草粥，是以七種時令的蔬菜：水芹、薺菜、
　　　鼠麴草、繁縷、稻槎菜、蕪菁、蘿蔔熬煮的菜粥。

熱騰騰的燴飯

只要是熱騰騰的白飯，加入什麼料都很好吃。

牛肉罐頭

雞蛋

起司粉
奶油

檸檬
美乃滋

趕時間的時候，也可以這麼做

如果直接加熱水煮飯，米粒吸收水分的速度會變快，洗好米就可以馬上煮。但水量要稍微加多一點。

溫開水

飯糰——熟練的捏法

就算沒有配菜，如果能將熱騰騰的白飯捏成飯糰，也會有神奇的滿足感哦。三角飯糰、圓形、四角……。形狀可以依你的喜好，自由發揮。

●好吃的飯糰，基本的捏法

先用肥皂仔細將手洗乾淨再開始做。

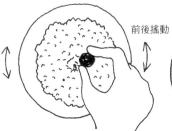

前後搖動

用水沾溼雙手。

水

溫熱的白飯比較容易捏。

鹽

①在碗裡盛入半碗的白飯，中間挖一個凹洞，放入配料。前後搖動碗，飯會變得緊實，較容易捏。

②手掌微微沾溼。

③指尖輕沾一點鹽。
（如果白飯已經有其他調味就不必）

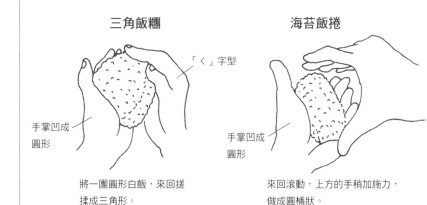

三角飯糰

「く」字型

手掌凹成圓形

將一團圓形白飯，來回搓揉成三角形。

海苔飯捲

手掌凹成圓形

來回滾動，上方的手稍加施力，做成圓桶狀。

● 創意飯糰

起司

腿

青豌豆

簡易保鮮膜飯糰

①在保鮮膜上撒點鹽，再放上配料與白飯。

②拉起四角，包起來收緊變成圓滾滾的形狀。

③接著就可以在保鮮膜包覆的狀態下，捏出自己喜歡的飯糰形狀。（可以放些自己喜歡的配料如炒蛋、青豌豆、起司、火腿等。）

用烤箱烤出來的各種飯糰

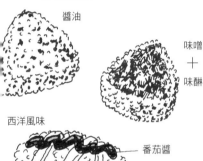

醬油

味噌
＋
味醂

西洋風味

番茄醬

起司

若要加醬油或味噌，訣竅就是先烤一下白飯糰，等飯糰變得稍硬後，再塗上醬油或味噌。或者可以先把醬油或味噌拌在白飯裡，再放進烤箱。

高麗菜捲飯糰

①剝下高麗菜葉洗淨，微波1～2分鐘使其變軟。

②在高麗菜葉的根部，放上飯糰，先捲一圈，將左右兩邊往內折包好，最後將菜葉尾端折進去。

③在高湯中放鹽、醬油等喜歡的調味，再放入高麗菜捲，煮10分鐘左右。

美生菜飯糰

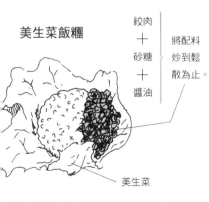

絞肉
＋
砂糖
＋
醬油

將配料炒到鬆散為止。

美生菜

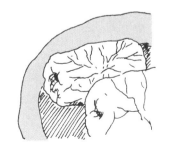

味噌湯——基本的湯

從只要加熱水就能完成的味噌湯，到認真做好的正宗味噌湯，請依自己的情況變通。

●超簡單味噌湯

要壓住蓋子別讓它掉了！

熱開水

柴魚片一把
（1包柴魚片小包裝）

味噌
大約1顆梅乾的大小

昆布絲一撮

倒入約八分滿的熱開水，味噌溶解後就大功告成。

●製作高湯，沒有一定的方法

使用柴魚或混合魚乾（鯖魚、沙丁魚、圓鯵等），再佐以昆布或香菇等，製作高湯的方式可依個人喜好。如果加入各種配料，湯的味道就會很濃郁。只放柴魚片的話，就比較高雅清淡。

●同一批材料不煮第二鍋

現在的柴魚只要煮過一次，味道就會完全煮出來。若要像過去那樣繼續煮第二鍋湯，那麼再怎麼煮，柴魚的甘甜也煮不出來。
小包裝的柴魚片更是如此。

乾鰹魚節

柴魚片（幾乎都是鰹魚柴魚片）

鰹魚片要選用發酵前的比較好，大部分的柴魚片都是這一種。也有些是沙丁魚、鯖魚、宗太鰹等混合的柴魚片。

先將鰹魚燻製後日曬，再進行發酵，使其充分乾燥。過去都會發酵5次，現在幾乎都只發酵1次了。即使是小包裝的鰹魚節也還是有風味，在起鍋前使用即可。

●材料簡單的「正宗湯頭」

在水中放入適量的乾香菇或昆布，然後放入冰箱裡。只要這一個步驟就可以。經過半天之後，就會有一鍋充滿天然甜味的高湯了。再以香菇作為佐料，一起放入湯裡滾煮，這樣更是一石二鳥的方法。

●基本的高湯製法

①將昆布放入水中，煮沸前再撈起來。

②加入柴魚片。1公升的水約放30公克柴魚片。

昆布10公分　　　　從鍋邊放入。

撈起昆布。

再放入味噌及喜愛的食材，味噌湯就大功告成了。

豆腐

味噌
1人份的基本量
是1顆梅乾大小。

③湯滾後，關小火煮1～2分鐘，用茶葉濾網將柴魚片撈起。

鰹魚片較厚時，沸騰後以小火煮5～10分鐘。使用混合柴魚片時，則沸騰後要加入約100cc的水，再沸騰就完成了。如果是烏龍麵之類所需的濃郁湯頭，就比較適合厚柴魚片或混合柴魚片。

各式湯頭──和式・中式・洋式

味道最根本的「湯頭」，有多樣的種類。讓我們配合料理，挑戰各種風味吧。

●小魚乾湯（適合味噌湯、燉煮食物）

整尾，或者可以去頭跟內臟。
除去頭與內臟會比較沒有腥味。

放入水中浸泡30分鐘以上，接著煮沸後滾7～8分鐘，將白色湯渣撈掉。
只要浸泡一個晚上，湯頭的味道就會出來，一點都不麻煩。

●昆布高湯（適合一般湯品、味噌湯，以及魚貝類料理）

將切片放入水中浸泡至少30分鐘。開火，開始起泡後在沸騰前將火關閉，撈出昆布。

昆布的甜味來自「谷氨酸」與「甘露醇」兩種成分，一旦沸騰之後，昆布就會溶出稱之為「藻朊酸」的滑膩成分，降低湯頭的甜味。

●簡易中式湯頭（適合雜炊飯、湯品）

①蔥、蒜頭、生薑切末，
　放入鍋中炒成金黃色。
②加入乾香菇、乾蝦仁、
　干貝或魷魚乾等材料。
③加入大量溫水，放置
　2～3小時。

反覆加入溫水，湯頭能
保存2週左右。
要放在冰箱保存。

●洋式湯頭

①用熱水汆燙雞骨後洗淨，除去血汙及雜質。
②將雞骨及香味蔬菜放入水中，
　不蓋上鍋蓋直接加熱，水滾後
　以小火再煮1個小時。以咖啡
　濾紙過濾後，便完成了。

香味蔬菜束

月桂
芹菜
洋蔥
荷蘭芹
胡蘿蔔
胡椒等

雞骨
整隻

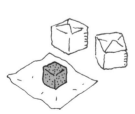

高湯塊

在雞肉料理中放入牛肉湯塊，或在牛肉
料理中放入雞肉湯塊，味道會更濃郁。

27

材料的度量法——目測・手量

為料理調味時，使用量匙量出正確的分量，不止麻煩，也會失去興趣。這時只要學會用手或眼睛測量，應該就沒問題了。

●聰明利用工具與「直覺」

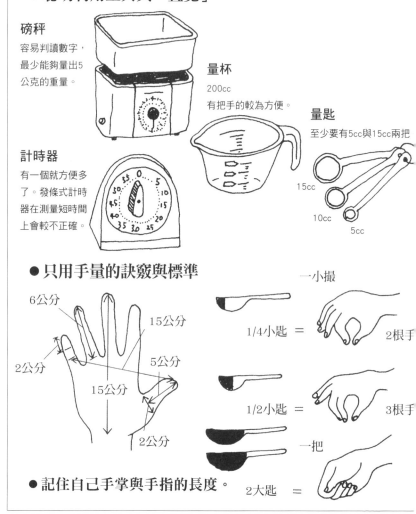

磅秤
容易判讀數字，最少能夠量出5公克的重量。

量杯
200cc
有把手的較為方便。

量匙
至少要有5cc與15cc兩把

15cc

10cc

5cc

計時器
有一個就方便多了。發條式計時器在測量短時間上會較不正確。

●只用手量的訣竅與標準

6公分

15公分

2公分

5公分

15公分

2公分

一小撮

1/4小匙 ＝ 2根手

1/2小匙 ＝ 3根手

一把

●記住自己手掌與手指的長度。

2大匙 ＝

手指圈起的大小
味噌1碗的量。

盛滿手掌的混合蔬菜
約100公克

放在三根手指上的切片魚
70～90公克

放滿手掌的雞蛋
約200公克

勺子
50～60cc

高湯塊
180cc

大罐啤酒
633cc

牛奶瓶
180cc

小日本酒壺
140cc

小酒杯
15cc

咖啡杯
200cc

若是同樣大小，就會約有同等的重量

雞蛋
約50公克

胡蘿蔔

馬鈴薯

絞肉

以雞蛋大小為
基準來記憶。

29

料理用語

在食譜裡，理所當然會出現各種調味用語，有些令人似懂非懂
……。那麼，我們來好好掌握它吧。

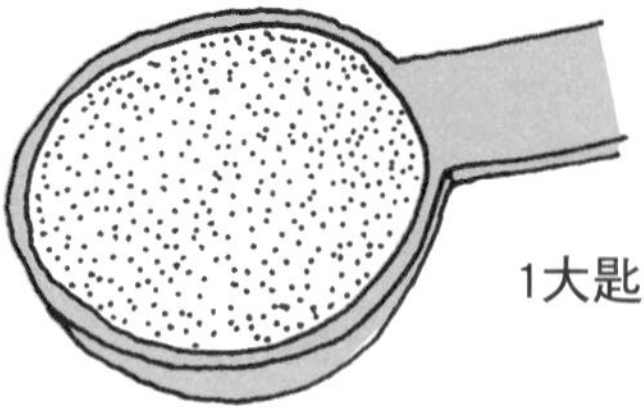

1大匙是？

粉狀或黏稠狀物要平齊

液體裝滿但不要溢出

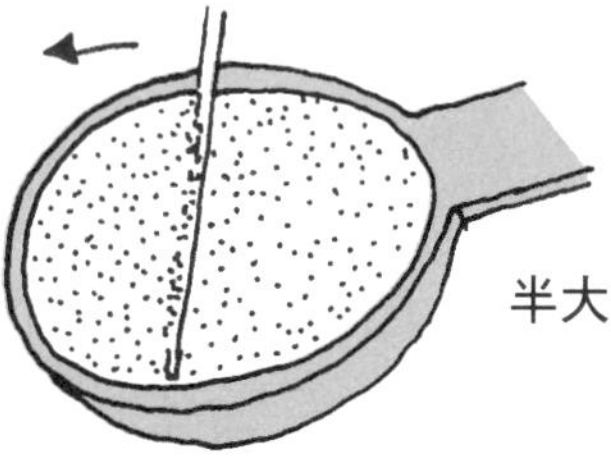

半大匙是？

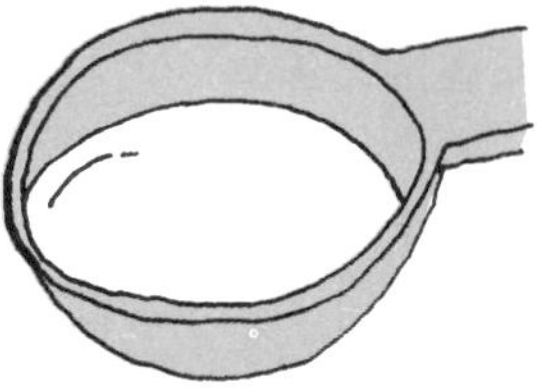

刮平後直角切除1/2

液體為目測的2/3左右

1大匙

奶油是1/18塊

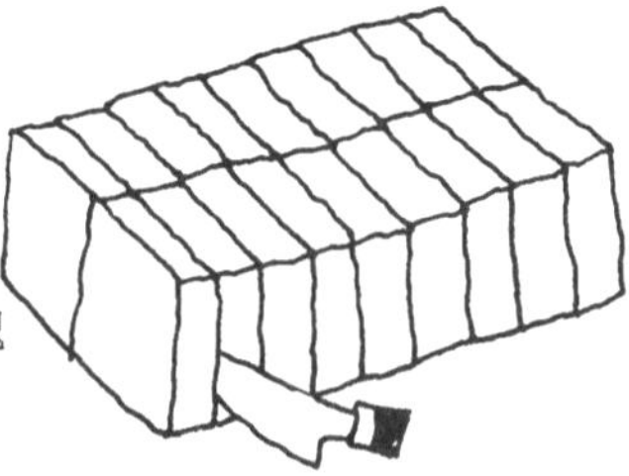

加水量

微量　　　　　大約覆蓋住 　　　　　大量

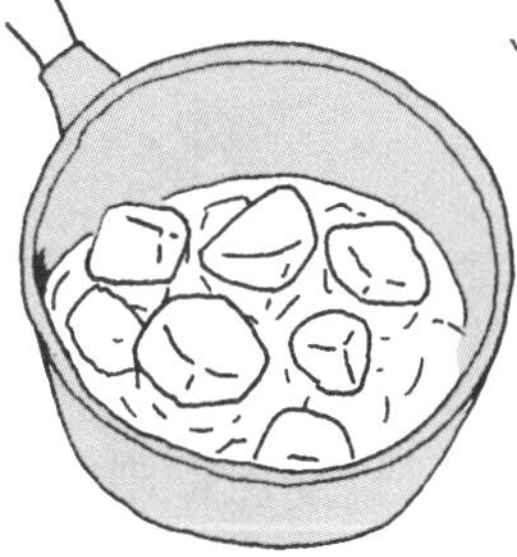

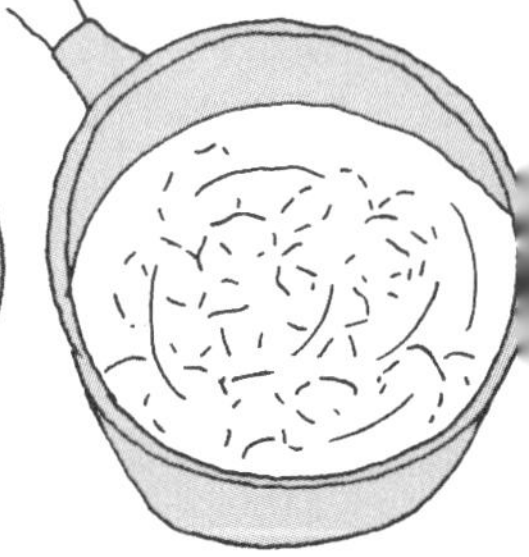

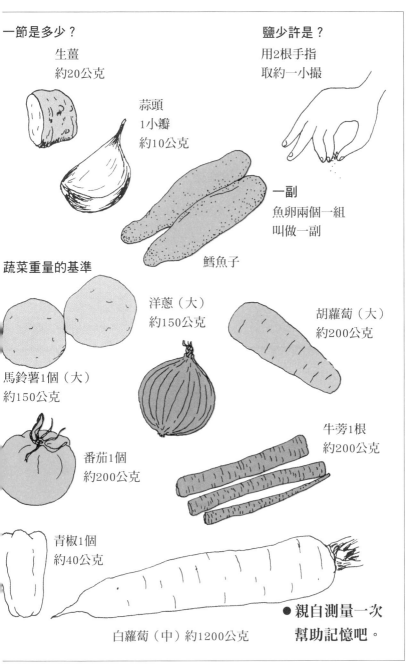

一節是多少？

生薑
約20公克

蒜頭
1小瓣
約10公克

鹽少許是？

用2根手指
取約一小撮

一副
魚卵兩個一組
叫做一副

鱈魚子

蔬菜重量的基準

洋蔥（大）
約150公克

胡蘿蔔（大）
約200公克

馬鈴薯1個（大）
約150公克

番茄1個
約200公克

牛蒡1根
約200公克

青椒1個
約40公克

白蘿蔔（中）約1200公克

● 親自測量一次
幫助記憶吧。

調味料 — 分辨使用法

很會做菜的人，能分辨及使用醬油與味噌等多種的調味料。就算沒有到達那種程度，只要能懂得調味料的差異與特質，對於做菜就能更有自信。

● 砂糖

白砂糖	最常用於料理、甜點、飲料中。
黃砂糖	因為精製度較低，甜味比較濃烈。用於燉煮、佃煮等。
黑砂糖	因為是用甘蔗汁直接做成的，所以有獨特的甜味。用在甜點上。

● 鹽

精鹽	用於一般烹調。
餐桌鹽	為了防止潮溼而做了防水加工處理，因此很難容於水。加在水煮蛋或生菜沙拉等食材上。
粗鹽	適合用來醃漬食品或灑在乾煎魚上。

● 味噌

| 紅味噌 | 紅色且有較重的辣味，適合在夏季烹調。 |
| 白味噌 | 白色有甜味，適合冬季烹調。也可以紅、白混合調出自己喜歡的口味。 |

● 醬油

濃口醬油	雖然鹽分算少，但顏色深，味道濃厚。適合燉煮、醃漬、當沾醬。
淡口醬油	雖然顏色較淡，但鹽分較多，味道很實在，適合煮湯。
生醬油	因為製作時不經過加熱，所以非常濃郁香醇，適合當沾醬。

● 油

動物油 Lard指的是豬油。在炸東西時稍微加入一些，味道會很濃郁。
Suet指的是牛油等。煎牛排時使用。

植物油 大豆、玉米、油菜籽、橄欖、棉花子、米糠、向日葵、紅花等原料。
沙拉油是經由棉花子油等混合，使其可用於生食，所以精製度是最高的。

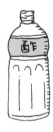

● 醋

釀造醋 利用米、酒粕、水果酒等發酵製成，別具風味的醋。原料不同味道也不盡相同。
適合醋製品、沙拉醬、壽司醋。

合成醋 利用水稀釋醋酸，加入調味料所製成。
有尖銳的醋酸味，不建議用於壽司醋。
冷卻後很容易揮發變成水。

● 動手做做看

三杯醋（幾乎與所有的醋料理味道都很搭）

醋5大匙：醬油1.5大匙：砂糖1.5大匙：鹽1/3小匙

吻仔魚涼拌 吻仔魚中加入熱水，再將水瀝掉
加入三杯醋攪拌。

醋醃小黃瓜 小黃瓜切薄片，撒一些鹽以脫水，
加入三杯醋攪拌。

二杯醋（適合搭配魚貝類等食物）

醋3大匙：醬油1.5大匙

在吃章魚或透抽時，
加入二杯醋吃吃看。

調味——順序與訣竅

在調味的時候利用一點小訣竅，就能將美味提升數倍哦。

● 調味的目的有兩個

①將食物的味道提出來。

②加入新的味道。

● 加入調味料的順序為「砂糖、鹽、醋、醬油、味噌」

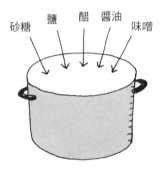

砂糖　鹽　醋　醬油　味噌

鹽的分子比砂糖小，所以能較快滲入食物中，如果先加鹽的話，砂糖便很難入味。

太早加醋，醋的味道會跑掉。醬油、味噌也一樣，為了保留鮮味，要晚一點加入。

● 做沙拉醬的時候，最後再放油

①鹽　1/2～1小匙
　胡椒　少許

②醋
　1/2杯

③沙拉油
　1杯

先加入油的話，鹽就無法溶解。

訣竅是用醋充分將鹽溶解。

● 試味道的方法

濃郁

湯要

碟子

涼拌物放在手背。

酸、甜、苦、鹹四種味道，分別在舌頭不同部位感覺。因此試味道時要用整個舌頭去試。

● 味醂有收斂、酒有柔軟的效果

味醂

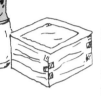

以糯米製成。
具有30%的甜味。
味道很香，適合照燒。
在料理完成時加入。

酒

用在來米製成。
去除腥臭味。
能夠使材料更柔
軟，所以要先用。

● 為湯做調味

鹽：醬油　7：3是重點

用鹽來調味，
再加醬油稍微
增色，就很有
味道。

● 動手做做看

簡易辣油

在熱芝麻油中
放入辣椒。

糖粉

想要在甜點上撒些糖粉，不需
要特地去買，只要用研缽就能
做了。

● 舌頭能感受到味覺的部位

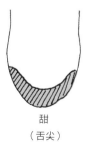

甜	酸	苦
（舌尖）	（舌頭邊緣）	（舌根）

能感受味覺的神經
（味蕾）的數量，
每個人不盡相同。
此外不只舌頭，上
顎（軟口蓋）也能
感受味覺。

辛香料——熟練的使用法

　　辛香料是用擁有強烈香味的植物的葉子、果實或根部。
　　（香藥草屬於有香味的葉子，因此也算是辛香料的一部分）
　　它們的作用大致可以分為，　①加入香氣　②加入辣味
③消除臭味　④著色，四種。

① 加入香氣的辛香料

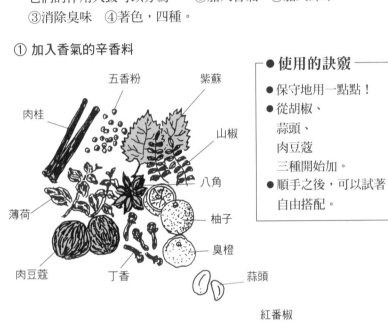

五香粉　紫蘇
肉桂
山椒
薄荷
八角
柚子
臭橙
肉豆蔻　丁香　蒜頭

● 使用的訣竅

● 保守地用一點點！
● 從胡椒、
　蒜頭、
　肉豆蔻
　三種開始加。
● 順手之後，可以試著
　自由搭配。

② 加入辣味的辛香料

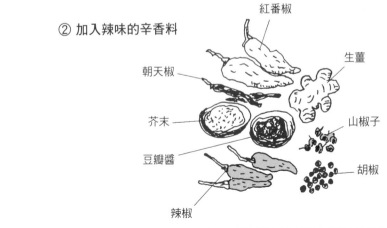

紅番椒
生薑
朝天椒
芥末
山椒子
豆瓣醬
胡椒
辣椒

③消除臭味

月桂
（使用切片）

馬郁蘭

薄荷

辣根

生薑

鼠尾草

迷迭香

百里香

●3次使用的時機

- 準備時
  消除魚、肉的腥味或加入底味。（搗碎或直接使用）
- 烹煮時
  咖哩、燉煮或炒的時候。
- 完成時
  用胡椒、甜椒、荷蘭芹等來增添顏色或添加風味。使用的是粉末。
---

④著色

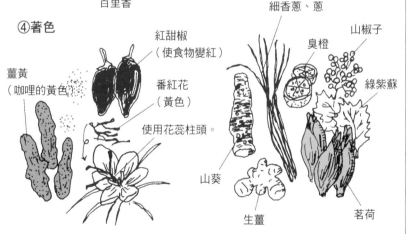

薑黃
（咖哩的黃色）

紅甜椒
（使食物變紅）

番紅花
（黃色）

使用花蕊柱頭。

和風辛香料

細香蔥、蔥

臭橙

山椒子

綠紫蘇

山葵

生薑

茗荷

●動手做做看

幫助消化的肉桂茶

只要在濃奶茶中加入肉桂即可。

肉桂土司

在土司上塗奶油，再撒上一些肉桂粉與砂糖。

調味料的重量——簡易筆記

● 調味料的重量

調味料名稱	小匙 (5c.c.)	大匙 (15c.c.)	杯 (200c.c.)	調味料名稱	小匙 (5c.c.)	大匙 (15c.c.)	杯 (200c.c.)
水	5	15	200	番茄醬	6	18	230
酒・紅酒	5	15	200	濃縮番茄泥	5	16	210
醋	5	15	200	植物油	4	13	180
醬油	6	18	230	乳瑪琳	4	13	180
味醂	6	18	230	豬油	4	13	180
味噌	6	18	230	胡椒	1	3	—
鹽（精鹽）	5	15	200	芝麻	3	9	120
鹽（粗鹽）	4	12	150	芝麻粉	5	15	200
砂糖(細粒特砂)	3	10	120	辣椒粉・芥末粉	2	6	80
粗白糖	4	12	160	美乃滋	5	14	190
甜點用白糖	4	12	160	沙拉醬	5	16	200
蜂蜜	7	22	290	大豆	—	—	130~150
麵粉（低筋）	3	8	100	花生	—	—	120
麵粉（高筋）	3	8	105	果醬	7	22	290
太白粉	3	9	110	茶（番茶）	1	3	40
發粉	3	10	135	茶（煎茶）	2	5	60
玉米粉	2	7	90	紅茶	2	6	70
明膠粉	3	10	130	咖啡（粉）	2	6	70
麵包粉(乾燥)	1	4	45				
醬汁（辣醬汁）	5	16	220				
醬汁（豬排醬）	6	18	230				

（單位：公克）

● 鹽分1公克的換算表

鹽	醬油	紅味噌	白味噌	醬汁
1/5小匙	1小匙	1/2大匙	1大匙	1大匙

道具

烹飪時不可或缺的是道具。只要能掌握使用烤箱、瓦斯爐、微波爐、冰箱，還有五種切菜方法，那麼不管做什麼菜都輕而易舉。建議第一步由微波爐開始學起。光是這樣，料理的範圍就會變大不少。

火·瓦斯爐——安全的使用法

能夠將火運用自如，會使我們的飲食生活一下子豐富許多。可是，火只要使用不當就會造成危險，就算是我們很熟悉的瓦斯爐也是一樣。所以要妥善使用。

●基本火候控制

微火	小火	中火	大火
火焰大小約5公釐。	約1公分。	介於大火與小火之間。	不超出鍋底、最大的火焰。

●要小心使用做菜最重要的道具——火

①火焰依賴氧氣才能燃燒。氧氣充斥在新鮮的空氣中。
②不要忘記通風（要使空氣流通）。
③周遭不要放置多餘的物品。
④小心不要燙傷。
　調理器具接觸火源就會變燙，所以一定要準備好乾抹布或隔熱手套。如果用溼抹布來端鍋子反而容易導熱，造成燙傷。

●萬一燙傷了

一定要優先冷卻！
迅速到水龍頭下沖10分鐘以上的冷水。

● 瓦斯爐的基本使用法

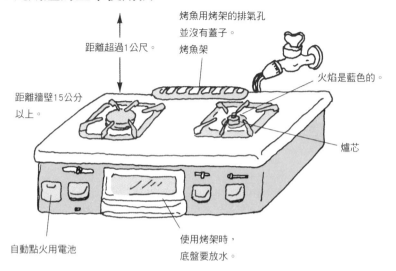

烤魚用烤架的排氣孔
並沒有蓋子。
烤魚架

距離超過1公尺。

火焰是藍色的。

距離牆壁15公分
以上。

爐芯

自動點火用電池

使用烤架時，
底盤要放水。

● 當瓦斯的火焰變紅時

可能是不完全燃燒，所以若有空氣調節的裝置，
就要加以調節。另外也要保持空氣流通。
如果正在使用加溼器，也有可能使火焰變紅。

● 火焰不集中

大多是爐芯太髒或沒有裝妥。將爐芯拆卸下來用水清洗，
並用牙刷等器具將出火孔刷乾淨（因為剛用完會很熱，
務必要等到冷卻才能拆）。接著放回去，一定要裝好。

● 小心不要讓湯汁滾溢出來澆熄爐火。

使用中千萬不要離開瓦斯爐，隨時注意爐火的狀況。

● 關閉總開關

使用完畢後，關上開關，總開關也要關上。

微波爐——基本的使用法

微波爐是料理新手的得力助手，只要能掌握使用方法，做菜與熱菜都能輕鬆自在。

●明明沒有火，為什麼能煮菜？

其祕密就是一種叫做微波的電波。這種電波1秒內能震動24億5千萬次，帶動食物內的水分，造成劇烈的撞擊，產生摩擦生熱的現象。

微波有四個特徵　①能震動水分子　②能通過陶瓷器或玻璃器皿　③遇到金屬會反射　④含水分的東西從表面算起只能到達約6～7公分深。（大的物體會出現加熱溫差）

●運用自如的四個基本條件

①加熱時間隨分量改變。
　個數如果加倍，時間也要加倍。
　3個的話就必須要3倍的時間。

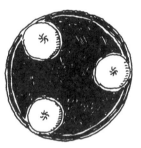

②間隔距離要大致相同。
　依不同機種，可能有不同的放置法，要詳讀說明書。

③保鮮膜包覆。
　要保持水分的時候，就要加上保鮮膜或蓋子。若想要乾燥，就不加蓋子或保鮮膜。

④不擅長溫度調節。
　不會調整小火、中火、大火等火候。適合要立即加熱的料理或解凍使用。

● 試著做做看

依照機種與瓦數的不同，使用方法也不同。
使用前，要仔細閱讀說明書。

溼毛巾一條約30秒就會變熱。

● 這些很危險

肉類及油炸物或放了許多砂糖的東西，如果直接貼上保鮮膜，會因為過熱而使保鮮膜融解。蛋黃、香腸、鱈魚子等加熱易破，要用叉子或牙籤先戳幾個洞。

● 可使用的容器與可使用的物品

陶 瓷 器	耐熱容器	○	土鍋等。
	普通容器	○	有鑲金、銀邊或彩繪的容器，圖案會脫落。
玻 璃 容 器	耐熱容器	○	硼化耐熱玻璃等。
	普通容器	△	長時間加熱的話會破裂。就算是水晶玻璃、強化玻璃也會破。
塑 膠 容 器	聚丙烯製	○	在產品標籤上註明能耐熱120度以上者即可使用。
	其他	×	聚乙烯、石碳酸、三聚氰胺等製品皆不耐熱。
金 屬 容 器		×	會造成火花。
保鮮膜、PE塑膠袋		○	若直接包住油炸物或砂糖類時會融解，要特別小心。
木製、竹製、紙製品等		△	食物直接置於其上的話便可。但若有塗漆或亮光漆等就會變質。

微波爐料理有各式各樣的調理方式，只要掌握一點小訣竅，就跟失敗絕緣了。

●調理的訣竅

①冷凍的肉類或一大顆蔬菜，在分量不小的情況下，為防止加熱不平均，微波到一半要取出攪拌，蔬菜則要轉個方向再加熱。

防止加熱不均。

②想要讓表面微微燒焦，就在上方仔細塗一層醬油或味噌。

如果是下方的保鮮膜接觸面，蒸氣就很難散發。

③葉菜類蔬菜在微波完後，要放入水中冷卻，以防止煮過頭，且可定色、去除澀味。

用水冷卻。

●重新熱菜的訣竅

拌炒類
不加保鮮膜。

太乾的話，就加一點
沙拉油攪拌。

油炸類
不加保鮮膜。

鋪上廚房紙巾。

湯類

太乾的時候不
要蓋保鮮膜。

白飯

2碗以上就要加
蓋保鮮膜。

燉煮類

蓋上保鮮膜。
湯汁要仔細淋
在表面上。

分量多的時候，
微波中途再攪拌一下。

咖哩或
燉肉

鹽分較高的麵粉糊會
讓電波難以傳遞，中
途要再攪拌一下。

熱狗
切段後放入，
不蓋保鮮膜。

塗上沙拉油。

清蒸類

蓋上保鮮膜。

在表皮上
灑點水。

另外還有能利用微波爐完美解凍的好方法，
訣竅可以參閱第129頁。

45

小烤箱——各種使用法

烤箱雖小卻很好用，只要下點功夫就能做出各種變化。

●基本使用法

①時間要短一點。
加熱時間請參考基準表。
如果還不放心，
就縮短時間。
透過玻璃窗口，
用自己的眼睛確
認調整。

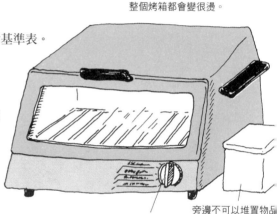

整個烤箱都會變很燙。

時間調節

旁邊不可以堆置物品

②小心不要烤焦。
調理過程溫度會變很高，所
以要記得「三不」原則：不
在周圍放東西，不在烤箱上
放東西，不碰觸烤箱。

使用1～2分鐘的小刻度時，
可旋轉大圈一點，時間到再
歸零。

③加熱調節。
如果沒有調節溫度的功能時，
要用鋁箔紙包住。

鋁箔紙使用技巧

包住·想要慢慢蒸烤的時候。

覆蓋·想要控制其中一部分熱度的時候。

墊著·可能會熔解或散掉的時候。弄皺後再墊
比較不易黏住食物焦掉的部分。

●試著做做看。有趣的烹飪

烤箱水煮蛋

用鋁箔紙包住生雞蛋，烤7～12分鐘。蛋黃的硬度可以隨喜好做多次嘗試。

簡單的快炒

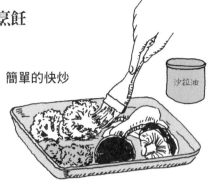

沙拉油

在蔬菜及香菇上塗一層沙拉油，烤至表面呈金黃色微焦。就算沒有平底鍋，也能夠炒出一道菜。鹽、胡椒、醬油依個人喜好加入。

早餐雜炊鍋

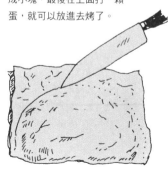

容器上塗一層奶油或沙拉油，將萵苣、火腿等全部切成小塊，最後在上面打一顆蛋，就可以放進去烤了。

放心油炸

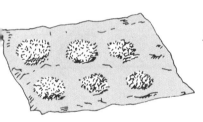

認為「炸東西時的油噴濺得很恐怖」的人，若想做小一點的可樂餅或炸豬排，就在麵包粉上灑一點油烤4～5分鐘，接著翻面再烤4～5分鐘就完成了。

包鋁箔紙的密技

為了防止湯汁流出來或空氣跑進去，要將鋁箔紙對折，用菜刀輕壓畫圈，將周圍折起。

電子煎烤盤能夠炒熱餐桌氣氛,一邊做一邊吃,非常方便。如果能夠運用自如,那麼料理的範圍又會增加囉。

●基本使用法

小心不要過度使用電器用品。

電子煎烤盤有1000瓦或1200瓦,消耗的電力很大,如果跟冷氣、大烤箱一起使用的話,可能會造成跳電。家中的電荷量是多少呢?如果是30安培,那麼就能負荷共3000瓦的功率。

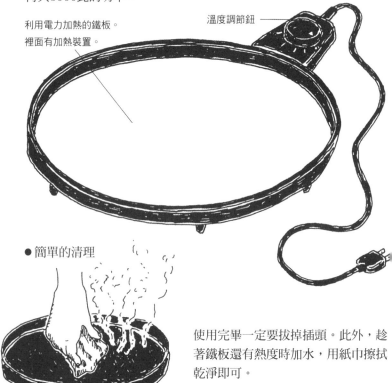

利用電力加熱的鐵板。
裡面有加熱裝置。

溫度調節鈕

●簡單的清理

使用完畢一定要拔掉插頭。此外,趁著鐵板還有熱度時加水,用紙巾擦拭乾淨即可。

●試著做做看。有趣的桌上烹飪

米披薩

火腿

即食蔬菜

白飯

雞蛋

鹽‧胡椒

①全部攪拌均勻。

②先放沙拉油。

③將材料攤平，兩面都要煎過。塗上醬汁即可食用。

簡易可麗餅

牛奶1杯

雞蛋1個

砂糖1小匙

麵粉1杯

鹽1小撮

①將材料攪拌至柔軟滑順後，加入1大匙融化的奶油。

②淋上薄薄一層沙拉油。

③把麵皮薄薄地拉開來煎。

④翻面再煎。放上自己喜歡的食物，捲起後即可食用。

炒麵是一定要的

油1大匙

醬汁

水1/2杯

①將肉類（火腿、熱狗）煎熟，再放入炒麵、蔬菜。

②加水將麵炒至鬆散，以醬汁調味。

③再燜1～2分鐘即可。

冰箱——百分之百活用法

冰箱除了能夠保存食材外，也是做菜不可或缺的大道具。有沒有善加利用呢？會不會太過依賴它呢？

● 基本使用法

① 依各個部位的特點來靈活運用。
② 就算放在冷藏庫，食品也會腐敗。食品中的黴菌是存活著的。
③ 放在冷凍庫只會使黴菌暫時休息，只要解凍又會活化。
④ 比起冰箱門，較深的地方是冷氣的出口，溫度會較低。

要快速冷卻果汁或啤酒，先在流動的水下稍微降低溫度後，
再放入冷藏庫即可。

冷凍庫 -18度（急速冷凍 -25～-45度）
保存冷凍食品

冷凍門架
-16度左右

冷藏門架
6～9度
保存性持久的食品

冷藏庫的上半部
0～3度

冷藏庫中、下半
部3～4度

新溫度室 -3～0。
冷卻室0度
不會結凍。
可以保存生鮮食

可以用藥用酒精擦拭，
做簡單的清潔。

微凍為-2～-3度
冰的溫度
-1度
大約是菜刀能切
得下去的冷凍

蔬菜室6～9度
適合保存蔬菜

● 不適合放冷藏庫的食品

洋蔥、胡蘿蔔、南瓜、白蘿蔔、牛蒡	不需要特地冷藏。 只要放在通風佳的陰涼處即可。
馬鈴薯、番薯等薯類	澱粉會出現變化而變難吃。 放在陰涼處即可。
香蕉	低溫保存會讓外皮變黑。
味道強烈的東西	讓味道散去。 以保鮮膜包覆住或用密閉容器蓋著。
白土司	會變乾燥。 建議用保鮮膜等封閉後放入冷凍庫。

● 冷藏庫的整理

懸掛

小東西或蔬菜,可放入牛奶盒或其他紙盒裁切的容器內再放整齊。紙盒變舊了即可淘汰。

MILK MILK

分裝

蔥、白蘿蔔、胡蘿蔔、小黃瓜、芋頭等,立著擺放能夠保存較久。因為以它們生長時的狀態保存,就不會消耗多餘的能量。

● 試著做做看

香蕉凍

保鮮膜

竹籤

冰塊容器

水

小碗

大碗

調理用小道具——選擇法·使用法

小而實用的方便小工具。來瞭解一下這些道具的選擇及使用法吧。

●基本的小道具與使用法

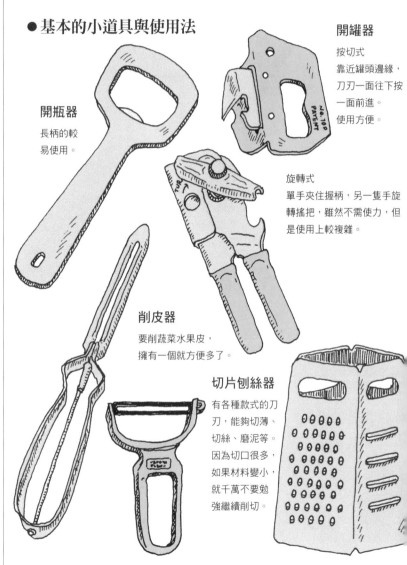

開瓶器

長柄的較易使用。

開罐器

按切式
靠近罐頭邊緣，
刀刃一面往下按
一面前進。
使用方便。

旋轉式
單手夾住握柄，另一隻手旋
轉搖把，雖然不需使力，但
是使用上較複雜。

削皮器

要削蔬菜水果皮，
擁有一個就方便多了。

切片刨絲器

有各種款式的刀
刃，能夠切切薄、
切絲、磨泥等。
因為切口很多，
如果材料變小，
就千萬不要勉
強繼續削切。

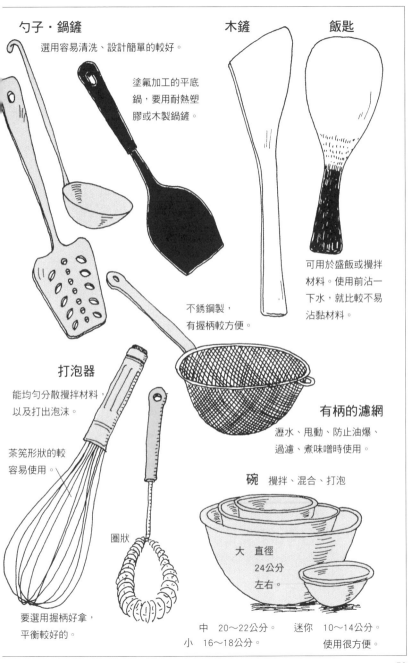

勺子‧鍋鏟

選用容易清洗、設計簡單的較好。

塗氟加工的平底鍋，要用耐熱塑膠或木製鍋鏟。

木鏟

飯匙

可用於盛飯或攪拌材料。使用前沾一下水，就比較不易沾黏材料。

不銹鋼製，有握柄較方便。

打泡器

能均勻分散攪拌材料，以及打出泡沫。

茶筅形狀的較容易使用。

圈狀

要選用握柄好拿，平衡較好的。

有柄的濾網

瀝水、甩動、防止油爆、過濾、煮味噌時使用。

碗 攪拌、混合、打泡

大 直徑 24公分 左右。

中 20～22公分。

小 16～18公分。

迷你 10～14公分。使用很方便。

53

自己要做料理時,需要哪些廚房用品呢?來瞭解一下必備品及選擇方式吧。只要有一個鍋子,不管是炊飯、炸東西、炒菜都做得到,如果你即將要開始自己住,至少要有這一樣,才不會造成不方便。

●必需品清單★ (如果擁有會比較方便○)

★鍋子 雙耳鍋 直徑20公分、深10公分左右。
可以煮咖哩、燉肉或麵等。

單柄鍋 直徑18公分、深16公分左右。
能煮味噌湯、燉煮食物等。

★平底鍋 大 直徑22~24公分左右。 ┃ 兩個都有會很方便。
小 直徑18公分左右。 ┃ 不沾鍋較易使用。

★砧　　　板 26×40公分左右較好用,但要配合場所選擇大小,
以東西不會切了就掉到地上為原則。市面上容易買
到的是合成樹脂製成。切魚、肉與切蔬菜、水果要
使用不同面。

★菜　　　刀 刀片大約20公分、不銹鋼製的萬能菜刀。(參閱第60頁)
★熱　水　壺 2公升裝。手把上的樹脂如果能延伸至後方會比較好用。
水燒開時會嗶嗶叫的也很方便。

●小物品

★碗公

★篩子

○量杯（200c.c.）

○鍋墊

★勺子

○廚房用剪刀

★鍋鏟

○削皮器

★飯匙

★長筷子

★磨泥器
（陶製的較好用）

★開罐器

★計時器
（電子計時器比較準確）

★鋁箔紙

★布巾
（2～3塊）

★保鮮膜

○烤魚網（有高度的）

★抹布

○隔熱墊

○量匙
（15、10、5c.c.）

★垃圾籃

○置海綿盒

★餐具籃

★海綿

○刷子

開始使用——提升方便使用的方法

所有事情的開始都很重要，鍋具與餐具也一樣。一開始使用時花點功夫，之後既好用又好保存。

● **砂鍋**

洗米水

用火加熱前，底部的水要仔細擦掉。

因為是素燒的材質，所以容易有裂痕。只要以洗米水或稀飯煮過，連眼睛看不到的裂痕都能補強。

● **鋁鍋**

為了防止變黑，一開始用時加了檸檬或醋的水、蔬菜渣，或洗米水去煮過。

● **平底鍋（鐵製）**

開始時用清潔劑等將防鏽用的樹脂加工物洗去，然後空燒並在上面塗一層舊的油。形成一層黑色皮膜後，不要用清潔劑，只要用刷子加熱水洗掉即可。

● **漆器** 漆的味道強烈，因此要除去味道，就要在使用前2～3天放入米缸，或置於通風良好的陽光下曝曬。

使用時若光澤已經逐漸消失，就用軟一點的布或紙巾沾些沙拉油來擦拭，最後要仔細擦乾。

使用前用醋擦拭過也會有效。

沾一點在布巾上。

● **陶器**

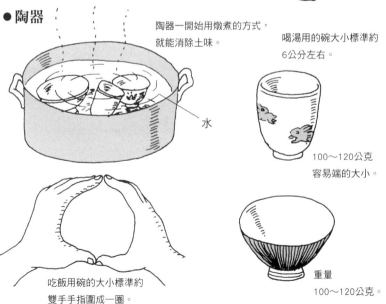

陶器一開始用燉煮的方式，就能消除土味。

水

吃飯用碗的大小標準約雙手手指圍成一圈。

喝湯用的碗大小標準約6公分左右。

100～120公克容易端的大小。

重量100～120公克。

菜刀——使用方法入門

想要安全又順手地使用菜刀，熟練是很重要的。最初使用菜刀時一定要跟家人一起做。

●基本的使用法

菜刀切東西的原理，是利用向下壓的力量，轉換成將物品分成兩邊的力量。刀刃越薄，分開的力量就越大，只需要小的力道就可以。但是若要切魚頭或硬的東西，用太薄的刀可不行。

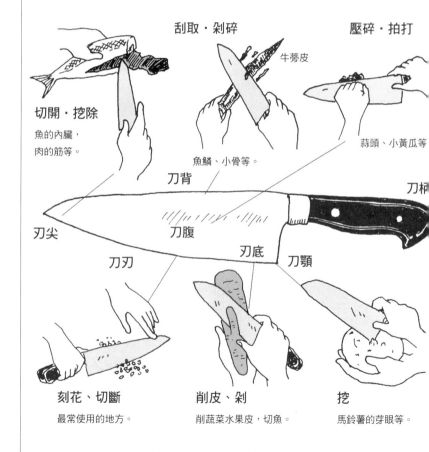

刮取・剁碎

牛蒡皮

壓碎・拍打

切開・挖除

魚的內臟，
肉的筋等。

蒜頭、小黃瓜等

魚鱗、小骨等。

刀背

刀柄

刃尖

刀腹

刃底

刀顎

刀刃

刻花、切斷

最常使用的地方。

削皮、剁

削蔬菜水果皮，切魚。

挖

馬鈴薯的芽眼等。

●切法的訣竅

●日式菜刀與西式菜刀

日式菜刀　　西式菜刀

用軟鋼
包住。

單片鋼

刀刃的鋼

雙刃　　單刃　　只有雙刃

①斜斜地下刀。
　軟的材料要拉好。

②好用的刀刃大小，大約是
　自己的兩個拳頭長。刀刃
　越重越方便使用。

③刀柄要握緊。手指不要
　伸出，像「貓爪」一
　樣。壓住要切的材料，
　決定刀刃的位置。

④越好切的菜刀使用越方
　便。要用連小孩也切得
　斷的菜刀。

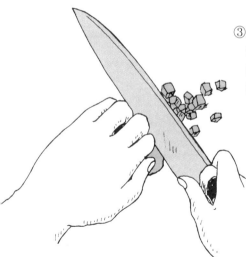

●使用完畢

一使用完就要清洗乾淨，放回原來放置菜刀的地方。
跟其他要洗的餐具混在一起會很危險。

菜刀的種類 —— 可以只用一把萬用刀或切肉刀

①切肉刀

牛刀。切肉用的雙刃西式菜刀。刃長約20公分。

②萬用刀

三德刀。能同時當切肉刀及切菜刀。刀刃長約18公分。

③削皮刀

小型的西式菜刀。可用來削蔬菜、水果皮，做水果雕刻。

④出刃刀

單刃日式菜刀。刀刃長約18公分。可做生魚片、去骨。

⑤切菜刀

雙刃日式菜刀。可切蘿蔔、年糕等有厚度的食物。

⑥冷凍刀

方便切開冷凍的食品。

● 簡易磨刀法

抵住陶器底部或素燒的盤子下，將刀刃兩面
來回摩擦3～4遍，就會顯現效果。

● 簡易磨刀器 　用水沾溼磨刀器，直接放入菜刀，來回磨5～6遍。

材料

好吃的料理，來自新鮮又好品質的材料。只要很會買食材，就很會做菜。掌握住選擇材料的重點，培養辨別材料的好眼光吧。

豬肉 —— 選擇法・食用法

雖然都稱為豬肉，但卻細分許多種類。要記住如何選擇適合料理的肉，以及新鮮的標準。

● 色澤與彈性決定鮮度

○ 脂肪是白色，肉是粉紅色。……好吃又彈牙的豬肉
✕ 脂肪、肉都很鬆弛。……難吃的豬肉
○ 肉具有光澤跟彈性。……新鮮
✕ 變色，在包裝盒裡滲出血來。……不新鮮的肉

● 選擇配合料理的肉

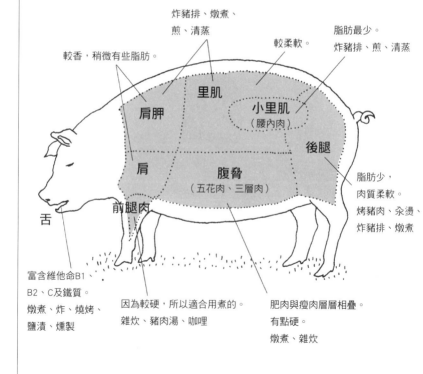

炸豬排、燉煮、煎、清蒸

脂肪最少。
炸豬排、煎、清蒸

較柔軟。

較香，稍微有些脂肪。

里肌

肩胛

小里肌
（腰內肉）

後腿

肩

腹脅
（五花肉、三層肉）

前腿肉

舌

脂肪少，
肉質柔軟。
烤豬肉、汆燙、
炸豬排、燉煮

富含維他命B1、
B2、C及鐵質。
燉煮、炸、燒烤、
鹽漬、燻製

因為較硬，所以適用用煮的。
雜炊、豬肉湯、咖哩

肥肉與瘦肉層層相疊。
有點硬。
燉煮、雜炊

● 善用特質來料理的訣竅

○ 便宜且品質又好的蛋白質來源。

× 因為可能會有寄生蟲，所以絕對不能煎得半生不熟。

煎的時候，先用大火把表面煎熟，讓美味包在肉裡，接著用小火慢慢煎至全熟。

● 防止煎不熟的火候標準

煎的時候⋯全部變成白色。厚一點的肉按一下會有彈性，
　　　　　　切開時肉汁是透明的。

煮的時候⋯竹籤能插進去，肉汁變得透明。

● 預防肉質收縮

在肥肉與瘦肉之間切幾刀。另外，也可以拍打延展。

● 能提高美味的事前準備

太硬的肉可以靠木瓜、鳳梨來軟化。因為兩者都富含蛋白質分解酵素。可是，已經加熱處理過的罐頭鳳梨是不會有酵素作用的。

將蔬果皮或蔬菜渣跟肉混合放置約半天的時間。

沙拉油

預先加了酒或醬油調味過的就容易燒焦，所以要淋一點沙拉油以防止燒焦。

動手做做看！　豬肉料理

●超簡單又好吃！

醬油叉燒

材料（4人份）
豬後腿肉一塊500公克　醬油1.5～2杯

①將整塊肉放入能剛好裝下的小鍋子，再倒入醬油直到剛好淹沒豬肉。除此之外不放入任何東西。

②用鋁箔紙蓋住，一開始以中火煮滾，接著轉小火煮30分鐘。用竹籤插進肉裡，如果肉汁呈透明狀就算完成了。可以切成自己喜歡的厚度。

・取出叉燒後剩下的醬油裡，可以放入剝好殼的白煮蛋，以小火煮10分鐘，就完成醬油煮蛋了。剩下的醬油用瓶子保存在冰箱裡，隨時都可以使用。用來炒菜，味道會很濃郁。選用後腿肉是因為脂肪少，口感較為清爽。應該是連爸爸媽媽都沒嘗過的味道哦。

●能快速完成的清爽料理

冷涮

材料（4人份）
里肌肉薄片（火鍋用）500公克
白蘿蔔　蔥　水果醋　芝麻醬　冰塊

①先將鍋中大量的水煮開。

②逐一夾起肉片放入滾水中涮一涮，等到肉變成白色之後，放入加了冰塊的冷水中。

③將肉片上的水分完全瀝乾，放在盤子上，再放上白蘿蔔泥與蔥花，將水果醋仔細淋在上面。

・淋上芝麻醬也很好吃。

● 絕不會缺席的菜色

咖哩飯

材料（4人份）
肉200公克（牛肉或雞肉也行）　馬鈴薯（中）2個
洋蔥（中）2個　胡蘿蔔（中）1根　沙拉油適量
水6杯　咖哩塊適量

①將蔬菜洗好去皮，隨意切成約1.5公分見方的大小。
　肉也切成一口大小。
②鍋中放入沙拉油預熱，再放進肉與蔬菜翻炒。
③加水煮滾後撈除雜質，以小火～中火將材料煮到軟為止。
　（約20分鐘）
④將火關上後，先加入咖哩塊融解，再開小火煮至濃稠，
　大約10分鐘即可完成。
・這是最簡單的咖哩作法。咖哩的味道家家戶戶都不同，
　要學好你家咖哩的作法哦！

● 讓人食指大動

薑燒豬肉

材料（4人份）
豬肉薄片500公克　醬汁（醬油3大匙　酒3大匙
砂糖1大匙　生薑泥1大匙）　太白粉1大匙　沙拉油適量

①將豬肉與醬汁、太白粉充分攪拌後放置約10分鐘。
②將油倒入平底鍋預熱後煎肉，兩面都要煎熟。
③煎熟後便大功告成。

牛肉 —— 選擇法・食用法

牛排、壽喜燒、燉牛肉……。好好掌握肉中之王——牛肉的選擇與使用法吧。

● 新鮮度要靠顏色來確認

○ 脂肪是奶油色，肉則是鮮紅色。肌理細且有彈力。

× 肉質變黑，切口乾燥的就是過老的肉。

　冷凍牛肉與低溫冷藏牛肉比較下，低溫冷藏的比較好吃。

● 選擇配合料理的肉

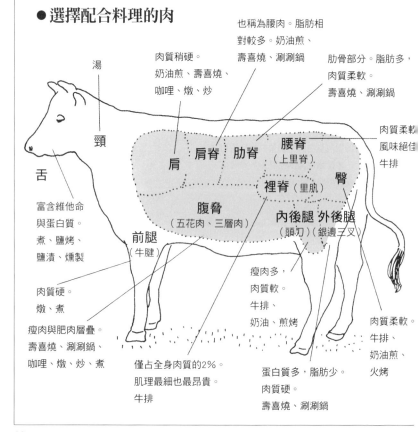

也稱為腰肉。脂肪相對較多。奶油煎、壽喜燒、涮涮鍋

肉質稍硬。奶油煎、壽喜燒、咖哩、燉、炒

肋骨部分。脂肪多，肉質柔軟。壽喜燒、涮涮鍋

湯

頸

肩　肩脊　肋脊　腰脊（上里脊）

裡脊（里肌）

臀

肉質柔軟，風味絕佳牛排

舌

富含維他命與蛋白質。煮、鹽烤、鹽漬、燻製

腹脅（五花肉、三層肉）

內後腿　外後腿（頭刀）（銀邊三叉）

前腿（牛腱）

肉質硬。燉、煮

瘦肉與肥肉層疊。壽喜燒、涮涮鍋、咖哩、燉、炒、煮

僅占全身肉質的2%。肌理最細也最昂貴。牛排

瘦肉多，肉質軟。牛排、奶油、煎烤

蛋白質多，脂肪少。肉質硬。壽喜燒、涮涮鍋

肉質柔軟。牛排、奶油煎、火烤

● 善用特質來料理的訣竅

牛肉是優質的蛋白質來源，營養價值很高。因為屬於酸性食品，所以要同時攝取比牛肉多一倍的蔬菜量較好。肉裡的鐵質、維他命B2含量豐富。

基本上沒煎熟也可以吃。重點是不要煎得太老。

● 火候的標準（牛排）

- 半熟 兩面稍微煎過，在流出肉汁前即可。
  如果輕壓牛肉，會有臉頰般的彈力。
- 適中 反覆翻面，讓肉汁滲出。
  硬度約像耳朵一樣。
- 全熟 沒有肉汁。
  硬度大概像鼻頭一樣。

● 能提高美味的事前準備

做漢堡肉的時候，要花點功夫捏牛肉，原因是要將肉裡的肌凝蛋白與肌動蛋白兩種蛋白質充分結合，才能增加肉的黏著力。只要揉捏一番，即使加熱時也不會散掉了。

要做絞肉漢堡排時，將肉放進塑膠袋裡揉捏，就不會沾手了。

冷凍肉只要用沙拉油浸泡2～3小時，就會變軟了。

動手做做看！　牛肉料理

● 大家都喜愛的菜色

漢堡排

材料（4人份）
牛絞肉（或是混合絞肉）400公克　洋蔥切末1個分量
麵包粉半杯　牛奶2～3大匙　雞蛋1個　鹽1小匙
胡椒少許　沙拉油　番茄醬　醬汁適量　可依喜好加入肉豆蔻

①沙拉油炒洋蔥末，等洋蔥變透明後鏟起，加入麵包粉與牛奶放置冷卻。

②將①與絞肉、雞蛋、鹽、胡椒、肉荳蔻充分混合攪拌，揉捏擠壓直到出現黏性。分成四等分，捏成橢圓形後從中央壓扁，使之變成形狀完好且能均勻受熱的狀態。

③平底鍋熱油後，放入肉排以大火煎至表面微焦，翻面，加蓋用小火慢慢煎。最後試著輕壓中央部位，如果肉汁呈現透明即大功告成。

④殘留在平底鍋內的肉汁，依個人喜好加入番茄醬或其他醬汁，煮滾之後淋在漢堡排上。

・如果洋蔥末切太大塊，或絞肉沒有充分揉捏，那麼在煎的時候漢堡排可能會散掉。

・肉豆蔻有特殊的香甜氣味，能消除即將變質的肉腥味。

・洋蔥末不事先炒過也可以，此時就要盡量將洋蔥末切得越碎越好。

● 快樂的調製漢堡排醬汁

和風漢堡排醬
　　蘿蔔泥＋蔥＋水果醋
醬油醬汁
　　醬油＋美乃滋＋黃芥末醬
芝麻味噌醬汁
　　白味噌＋白芝麻＋肉汁＋砂糖
・醬汁1人份的分量，材料各為1大匙，其餘就視個人口味而定了。

● 煎法是關鍵

牛排

材料（1人份）

牛排（100〜200公克）1片

鹽・胡椒少許　醬油1大匙　搭配用蔬菜

油適量　依喜好放奶油

①在煎牛排的30分鐘〜1小時之前，將肉從冰箱取出使其恢復呈室溫狀態。

②將肥肉與瘦肉間的筋去除或用刀割除，使肉不至於攣縮。下鍋前將鹽、

　胡椒輕撒在正反兩面。

③熱平底鍋，如果有的話倒入牛油，沒有的話倒入沙拉油，油熱後放入肉排。

④大火煎至表面微焦後翻面，將火稍微關小，依自己喜歡的口感調整火候。

　如果翻面太多次，肉質會變硬。

⑤最後把醬油淋在肉排四周蓋上蓋子，同時把火關掉。

⑥最後將牛排放入盤中，平底鍋的肉汁淋在上面，依喜好放上奶油。

● 鬆軟好吃

馬鈴薯燉肉

材料（4人份）

牛肉薄切片（豬肉也可）200公克　馬鈴薯4個

麻油或沙拉油2大匙　酒2大匙　砂糖2大匙　醬油4大匙

高湯（或水加上高湯塊）2杯

①馬鈴薯洗淨後連皮切成四塊，然後加水至正好淹沒馬鈴薯，以大火煮。

　煮滾後轉中火再煮5分鐘。以濾網撈起冷卻，將皮去除。（用手即可輕易撕除）

②將牛肉切成容易入口約3公分左右的大小。在鍋中放入麻油或沙拉油，

　開火，放入牛肉，肉變色後即放入馬鈴薯拌炒均勻。

③加入高湯（或水加上高湯塊），用大火煮開，撈除表面的雜質。

④放入酒、砂糖、醬油，保持大火混合煮滾。待馬鈴薯入味即大功告成。

　連湯汁一同盛入容器中。

・也可以加入洋蔥、胡蘿蔔、蒟蒻絲等材料。

　如果使用豬肉，味道會較濃郁。

雞肉 —— 選擇法・食用法

雞肉既便宜熱量也較低。其重點在於鮮度。仔細地分辨，讓自己盡情享受美味吧。

● 鮮度、品質的分辨法

○ 肉質呈淡粉紅色。腿肉則帶紅色，具有光澤。

○ 有彈性、皮與肉實緊連在一起、皮稍呈透明感。

× 呈現白色，切口乾燥。

年齡越小肉質越嫩，味道較清淡。目前以短期飼養的肉雞為主流。幼雞為未滿3個月，肥育雞是3～5個月，成年雞則是5個月以上。

● 選擇配合料理的肉

翅膀第一關節以下的部位。
富含膠質，加熱即變得柔軟。
油炸、去骨炸雞、鹽烤

從翅膀開始直至二節翅前的部分。
油炸、湯、汆燙

二節翅

翅腿

雞胸

肉質柔軟，
口感清爽。
蒸、焗、香料煎烤

里肌

雞腿

肉質稍硬風味絕佳。
鐵質含量多。
汆燙、湯、奶油炒、油炸、咖哩

與牛或豬的里肌肉相同。
沿著胸骨左右各一根的部分。肉質軟，口感清爽。
水煮沙拉、熬湯、茶碗蒸的材料、油炸

●善用特質來料理的訣竅

雞肉具有高蛋白質及低卡路里的特性。

肉雞的蛋白質較少，且皮下的脂肪是土雞的3倍以上。

先將肉雞皮下的黃色脂肪去除，會比較好吃。

容易消化，所以不易造成胃部負擔，適合當病患的飲食。

肉質容易腐壞，所以要趁新鮮調理。

●煮熟的基準

先讓皮煎成金黃色再翻面。

只要裡面的肉全部變白，就是熟了。

●防止雞肉攣縮

用刀在皮上劃幾刀。

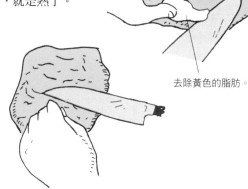

去除黃色的脂肪。

●能提高美味的 事前準備

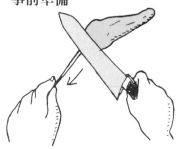

要去除里肌上的筋，需先將砧板弄溼，才不容易傷害肉質本身，接著以菜刀抵住雞肉，將筋緩緩拉除。

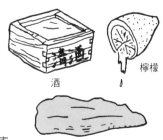

酒

檸檬

消除雞肉的腥味。

動手做做看！ 雞肉料理

● 吃了讓你充滿元氣

蒜味炸雞翅

材料（4人份）
二節翅8支　蒜頭2瓣　醬油半杯　沙拉油1杯

①蒜頭拍成碎末後放入醬油，靜置20分鐘，做成入味的醬汁。
②用廚房紙巾擦乾雞翅的水分，放入熱油中，直接炸熟。
③將炸好的雞翅立即放入醬汁裡。
・吃剩的蒜蓉醬油，用來炒菜也很美味。

● 再多都吃得下

雞肉丸子湯

材料（4人份）
雞絞肉500公克　雞湯塊1個　青江菜1～2把
生薑（喜歡再加）　沾醬（美乃滋　黃芥末　醬油）
醬油　日本酒　依個人喜好放韓式辣醬

①在絞肉中加入少許日本酒、多一點生薑泥、少許醬油之後，充分
　揉捏至肉質有黏性。
②鍋中放入大量水煮沸，放入1塊雞湯塊，水滾後將①揉成丸子狀，
　逐一放入湯裡。
③待雞肉丸子浮起來後，將雜質撈除。
④將青江菜的莖與葉分開，莖直切、葉橫切後放入③裡。
⑤湯依照各人口味加入醬油調味。
⑥將湯與裡面的料一同倒入深一點的容器中，雞肉丸子沾醬食用。
・可以依個人喜好，將韓式辣醬放入湯中或加入沾醬食用。

● 感受一下熱帶風味

菲律賓風味燉雞

材料（4人份）

帶骨雞肉塊600公克　洋蔥1個　生薑1節

醃醬（醋1/2杯　醬油1大匙　鹽、胡椒少許）

水煮番茄罐頭1大罐　牛至少許

①雞肉仔細清洗過後，加入洋蔥末、生薑末、醃醬充分攪拌後放置
　20分鐘左右，使雞肉入味。

②連醃醬汁一起放入鍋中，加水少許，以中火燉煮。

③等雞肉熟了之後，將水煮番茄罐頭連同湯汁一起倒入，如果有牛至
　的話也加進去。

④用小火煮20～30分鐘即可完成。可以像咖哩一樣淋在白飯上食用。
　也可用來做義大利麵的佐醬。

● 只要有肉就能現做的一道菜

雞肉火鍋

材料（4人份）

帶骨雞肉塊600公克　白菜、茼蒿、蔥、香菇、豆腐等適量

昆布10公分左右1片　水果醋醬油適量

①雞肉仔細清洗過後，切成一口大小，放入底下鋪了昆布的鍋中，加水
　淹過雞肉即可。

②煮開後將昆布撈出，轉小火，撈除脂肪與雜質。

③滾20～30分鐘之後，放入蔬菜及豆腐，煮好後沾水果醋醬油食用。
　也可依照喜好加入蔥花或辣椒蘿蔔泥。

・如果喜歡骨頭與雞肉能輕易分開的程度，就要煮1個小時以上。

・水果醋醬油是使用檸檬、柚子等果汁與醋4成、醬油6成的比例調製。
　如果想食用白蘿蔔或胡蘿蔔等蔬菜，一開始一起放入鍋中熬煮即可。

如果能做出精美的魚料理，那就非常了不起了！當然，選擇一條新鮮的魚是最基本的。

●新鮮度從眼睛與切口來辨別

○ 體型漂亮，線條流暢，顏色生鮮具光澤。
○ 沒有腥臭味，如果是一塊一塊的話，切口要有光澤，且切口沒有腫脹的才新鮮。

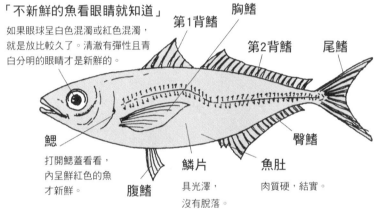

「不新鮮的魚看眼睛就知道」

如果眼球呈白色混濁或紅色混濁，就是放比較久了。清澈有彈性且青白分明的眼睛才是新鮮的。

胸鰭
第1背鰭
第2背鰭
尾鰭
臀鰭
鰓
打開鰓蓋看看，內呈鮮紅色的魚才新鮮。
腹鰭
鱗片
具光澤，沒有脫落。
魚肚
肉質硬，結實。

●選擇配合料理的肉

魚肉裡富含大量優質的蛋白質，也含有大量能降低膽固醇的牛磺酸，對於降低血壓、預防肝病有不錯的效果。
青肉魚裡更富含多元不飽和脂肪酸，能使血液清潔。

●一買回家就要立刻處理

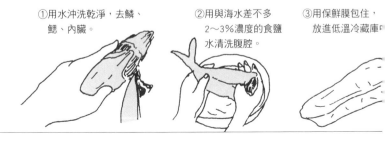

①用水沖洗乾淨，去鱗、鰓、內臟。

②用與海水差不多2～3%濃度的食鹽水清洗腹腔。

③用保鮮膜包住，放進低溫冷藏庫□

● 魚肉分解法

將魚、砧板、菜刀擦乾淨，以免滑動。

2片分解　　煎、煮的時候所用的代表性切法

① 菜刀插入胸鰭下方，先將頭部切除，將刀從腹部內沿著中骨上方直接切到尾端。

② 翻面從尾端開始同樣以刀切過去。

③ 將刀置入連著尾鰭的中骨上方，切開身體。

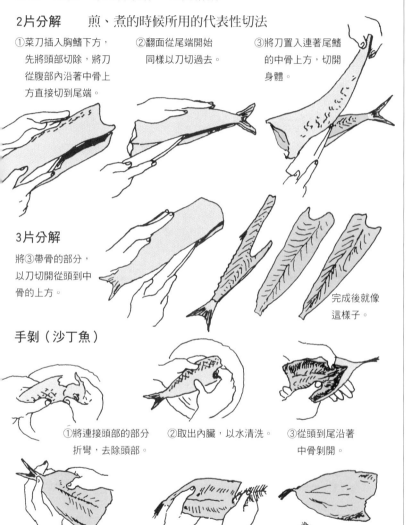

3片分解

將③帶骨的部分，以刀切開從頭到中骨的上方。

完成後就像這樣子。

手剝（沙丁魚）

① 將連接頭部的部分折彎，去除頭部。

② 取出內臟，以水清洗。

③ 從頭到尾沿著中骨剝開。

④ 從尾到頭，剝開另一邊的骨與肉，折斷中骨。

⑤ 將中骨由尾至頭拉除。

⑥ 完成。

動手做做看！ 魚料理

● 煮魚的訣竅

善用能去除魚腥味的調味料。醬油、味噌、生薑、檸檬、醋、牛奶等。

墊上筷子

預防煮到肉都散了

鋪上弄皺的鋁箔紙。

魚身劃個幾刀，才能更入味。

● 非常下飯

燜煮鰈魚

材料（2人份）
鰈魚切片2片　煮汁（高湯、酒各半杯　味醂1大匙　醬油1大匙　鹽1小匙　砂糖1大匙）　生薑一節

①用紙巾將魚片的水分拭乾，在皮上切下三刀成「キ」字形，深約5公釐。
　這樣即使皮遇熱攣縮，也不容易剝離，而且魚肉更容易入味。

②生薑切薄片。

③將魚肉放入鍋中與煮汁一同煮滾後，將本來在上方的一面翻面，兩片並排盡量不要重疊，以大火煮。

④再度煮滾後，用勺子撈起煮汁淋在魚肉上煮1～2分鐘，等周圍都變白色後放入生薑。魚在入鍋前後，腥味都不太消得掉。

⑤轉小火，再煮2～3分鐘。用鋁箔紙密合蓋住魚肉後，蓋上鍋蓋，等於加兩層蓋子。因為立即蓋上蓋子就無法去除腥味，稍微煮一下再蓋才是好時機。而加兩層蓋子能防止煮汁的蒸發，更能留住甜味。（又稱為被蓋）

⑥偶爾打開蓋子，攪拌一下煮汁，煮10～15分鐘。
　煮好後，連同煮汁一起盛入容器中。

沙丁魚先用番茶預煮過，就能去除腥味。

醋5：砂糖2：鹽少許

魚刺的對應法

混合醋醃漬1整天。醋能夠分解鈣質，所以魚刺也會變軟。

●煎魚的訣竅　尺鹽（1尺＝約30公分）

在魚身上撒鹽的時候，從距離魚肉30公分（1尺）的上方撒，可以撒得最均勻完整。

●秋天的味覺

鹽烤秋刀魚

材料（2人份）

秋刀魚兩條　鹽1大匙　白蘿蔔5～6公分厚　醬油適量

①秋刀魚切半，取出內臟後，立即用水沖洗。將切口朝下，以紙巾將內部及表面的水分拭乾。

②在烤網下點火，反覆翻轉空燒直到烤網變得又熱又紅。

③將魚並排，在要烤之前從30公分的高度，抓一撮鹽兩面撒勻。

④要放上烤網的時候，本來在盤中朝上的那一面就先朝下放在烤網上，用大火將皮烤到焦脆時轉中火，等皮烤成漂亮的金黃色時，用筷子插進魚肉裡，然後翻面烤。

⑤用中火烤到表面呈金黃色。

⑥白蘿蔔去皮，磨成泥。將烤好的秋刀魚沾瀝除水分的蘿蔔泥一起食用。也可以加一些臭橙、酢橘或檸檬汁等。

雞蛋 ── 選擇法・食用法

雞蛋雖小卻富含營養，而且又是非常方便的食材。在那層蛋殼下，可是藏著不少祕密哦。

● 蛋殼粗糙、不好剝的雞蛋較新鮮

× 放久的雞蛋，蛋殼會非常光滑。蛋白會比較水，蛋黃不太有彈性，看起來很稀。透過光線，能看到蛋黃的陰影。

○ 新鮮雞蛋煮熟後蛋殼不容易剝。
　不冷藏通常能放置2週左右。

用水清洗的話，在蛋殼表面眼睛觀察不到的小氣孔會被塞住，讓雞蛋無法透氣。

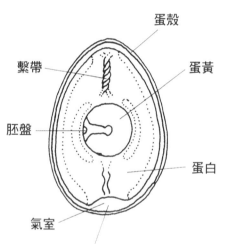

蛋殼

繫帶

蛋黃

胚盤

蛋白

氣室

雞蛋的大小以S.M.L來表示，與蛋黃大小並無關係。
L大小適合用來做需要大量蛋白的甜點。
煎荷包蛋只要S的就很夠了。

雞蛋放久了二氧化碳就會在裡面堆積。放入食鹽水（6%）中，如果會浮起來就不能吃了。保存的時候，要將氣室朝上。

● 蛋白與蛋黃變硬的溫度

蛋白	58度	開始變硬	蛋黃	65	開始凝固
	62～65度	不會流動		70	幾乎凝固
	70	幾乎凝固			
	80	完全凝固			

● 善用特質的料理法

雞蛋供應了小雞成長所需，是營養均衡的食品。

具有豐富的優質蛋白質、維他命及礦物質。雖然膽固醇含量高，

但1天只攝取1～2個雞蛋，是不會有太大的問題。

● 水煮蛋的基礎

①水量恰好淹過雞蛋。

　加鹽1大匙。

②輕輕地在水裡邊煮邊轉動雞

　蛋，蛋黃就會在蛋的正中央。

③水滾後，以小火煮10～15分鐘。

　接著放在流動的水下冷卻。

　煮得太久，蛋黃會變黑。

④冷卻後剝殼。在水中會較

　容易剝。

半熟75度　10～15分鐘

溫泉蛋65度　30分鐘

全熟蛋75度以上　10～15分鐘

● 防止雞蛋在鍋子裡「爆開」

①在水裡加入鹽或醋，就能防止

　蛋汁從裂開的地方流出來。

②從冰箱拿出雞蛋立刻煮的話，

　就會很容易破。要先泡水，讓

　雞蛋恢復常溫。

動手做做看！ 雞蛋料理

● 早餐的好伙伴

荷包蛋

材料（1人份）
雞蛋2個　沙拉油1小匙　水1小匙

①平底鍋用中火燒，一旦冒煙就將火關起，
　放入沙拉油，打入2個蛋，再度開火。

②以小火煎，等蛋白凝固時，從平底鍋邊緣放入水，
　蓋上鍋蓋讓蛋黃凝結到自己喜歡的硬度。一般約需40秒。

・如果不希望蛋白上結白色的膜，那麼就不加蓋。
　要加鹽或胡椒，請在餐桌上加。在平底鍋裡以中火煎培根
　或火腿，並排後在上方打蛋，以小火煎成荷包蛋，就是培
　根蛋或火腿蛋了。

● 令人驚奇的美味

紫蘇炒蛋

材料（4人份）
青紫蘇葉10～20片　雞蛋2～3個　白味噌2大匙
砂糖1大匙　味醂3大匙　紅味噌1/2大匙

①將白味噌、砂糖、味醂、紅味噌充分混合攪拌。

②將①放入平底鍋，將青紫蘇的葉梗切除後均勻放入鍋中，
　開火。

③等味噌醬汁滾了，青紫蘇葉變軟後，將充分攪拌過的蛋汁
　均勻淋在鍋裡。

④蓋上鍋蓋，雞蛋凝固後便可以裝盤了。

・也可以蓋在白飯上食用。

● 簡單的味道，搭配什麼都好吃

簡易煎蛋捲

材料（1人份）

雞蛋2個　鹽、胡椒少許　奶油1大匙　沙拉油適量

①打蛋，加入鹽、胡椒攪拌。

②沙拉油倒入平底鍋內開中火，等油充分沾過平底鍋後倒出，
　再將奶油放入鍋中。

③等奶油融化後再將①一次倒入，慢慢攪拌蛋汁，讓蛋的中心
　也容易熟。

④蛋汁開始凝固後，將蛋全部推到平底鍋邊緣，沿著邊緣翻
　面。等表面煎熟，裡面呈半熟狀態是最好吃的。

・此時在雞蛋上淋上少許美乃滋，會讓口感更為柔嫩。

・依照喜好加入番茄醬、醬汁、醬油等。

● 只要一個小鍋子就能做好

雞蛋蓋飯

材料（1人份）

雞蛋2個　洋蔥1/6顆　煮汁（高湯1/4杯　醬油、酒、
味醂各1大匙）　白飯

①煮汁倒入小鍋子裡煮開，將洋蔥絲放入煮到洋蔥變軟。

②把攪拌的蛋汁全部倒入，蓋上鍋蓋關火。
　燜一下後倒在白飯上。

・如果有炸豬排或雞肉，就切成一口大小，在①之後放入，
　稍微煮過後在上面淋上蛋汁，就變成豬排蓋飯或雞肉蓋飯。
　如果有鴨兒芹，可以撒在蓋飯上，增加色彩及香味。

・光用市售的醬油露就能輕鬆完成，不過因為會有點鹹，
　所以還要加上酒、味醂各1大匙。

肉類加工品——火腿・香腸・培根

肉類加工品的種類繁多，味道與品質也各有不同。確認內容物後，就能熟練地運用了。

●製造日期與原料的確認

- 火腿本來是用豬的後腿肉來製作，但是現今已經變成每個部分都有用到。以鹽醃漬各部位的肉，加以燻製，最後加熱。
包裝有張力、火腿有彈性的才是好的品質。
- 培根是豬五花肉的加工品，肉與脂肪層鋪排均勻，且有適度的緊緻感才是好品質。
- 香腸若是以真空袋包裝時，就要仔細確認保存期限來做為選擇。
確認包裝上所註記原材料的多寡順序，選擇添加物較少的為佳。

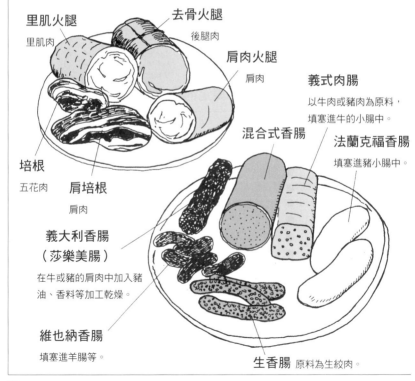

里肌火腿
里肌肉

去骨火腿
後腿肉

肩肉火腿
肩肉

義式肉腸
以牛肉或豬肉為原料，填塞進牛的小腸中。

培根
五花肉

肩培根
肩肉

混合式香腸

法蘭克福香腸
填塞進豬小腸中。

義大利香腸（莎樂美腸）
在牛或豬的肩肉中加入豬油、香料等加工乾燥。

維也納香腸
填塞進羊腸等。

生香腸 原料為生絞肉。

● 善用特質的料理法

- ・火腿中富含蛋白質、維他命B1、B2。鹽分也多。
  可以直接食用或油煎。
- ・培根富含蛋白質、維他命B1。脂肪成分多，鹽分也高。
  當成其他料理的鹽味調味也很好吃。
- ・香腸是絞肉所製作。一般市售德式香腸是由各種肉質混合的。
  乾燥香腸大約含40%的脂肪。鐵質、維他命較高。
  肝腸富含維他命A。可用來拌炒，或是水煮直接沾黃芥末食用。

● 保存

培根與香腸都可以冷凍保存。分裝成每次使用的分量，以保鮮膜密封。取出後不要解凍直接加熱烹煮。

用日本酒等的酒精擦拭過火腿的切口後，就能夠保存較久。

● JAS（日本農林規格）中所規定的使用原料

食品名		原料肉 豬肉	牛肉	馬肉	羊肉	山羊肉	雞肉	兔肉	魚肉
培根類	培　　　根	●							
	里　　　肌	●							
	肩　　　肉	●							
火腿類	帶 骨 火 腿	●							
	去 骨 火 腿	●							
	里　　　肌	●							
	壓 製 火 腿	●	●	●	●	●		△	
	混合壓製火腿	●	●	●	●	●	●	●	△
香腸類	乾 燥 香 腸	●	●	●	●	●	△	△	
	義 式 肉 腸	●	●	●	●	●	△	△	△
	法蘭克福香腸	●	●	●	●	●	△	△	△
	維 也 納 香 腸	●	●	●	●	●	△	△	△
	混 合 香 腸	●	●	●	●	●	●	●	△

● 印為主原料，△ 印表示副原料。

原料肉指的是，被允許做為原料的肉類，並非所有種類都必須使用。火腿、香腸的部分除了表中所指的以外，也有些是加入魚肉或大豆蛋白質做成的。

蔬菜可以是料理中的主角，也可以是一道菜裡不可或缺的配角。
讓我們將新鮮蔬菜妥善地保存並常備著吧。

●健康、光澤、漂亮！ 就是新鮮

高麗菜

外面一層葉子是綠色的，切面
要很工整。整顆結實，有重量
感。冬天的高麗菜適合燉煮，
夏天的高麗菜適合生食。

菠菜

顏色深，葉子有
厚度且健康。

白蘿蔔

葉子看起來很健康，表
面有光澤。鬍根太多、
小紋路太多的都不行。

馬鈴薯

外皮薄軟。
芽眼少，
沒有出現綠色。

番茄

外皮有張力及光澤。
果實呈熟紅色，蒂頭
則是深綠色。

胡蘿蔔

顏色深且鮮豔。
頭部沒有黑色沈澱。

洋蔥

表皮有光澤，
沒有長芽或生根。

小黃瓜

小突起物多到
表面很粗糙，
顏色很深且有
光澤。

● 善用特質的料理法

黃綠色蔬菜（有色蔬菜）中，每100公克就含有高達600微克的胡蘿蔔素（1微克等於百萬分之1公克）。攝取進入人體則維他命A就會作用。

淺色蔬菜最主要就是要攝取維他命C。

維他命C並不耐熱，所以生食是較有效的。

● 保存重點

哈密瓜、蘋果與蔬菜完全不合，因為它們會使植物快速老化，形成乙烯。不要把它們也一起放在冰箱的蔬菜室中。

白蘿蔔、胡蘿蔔的葉子要先切除。如果連葉子一起保存，頭部的水分就會被吸收。

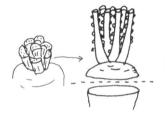

● 黃綠色蔬菜與淺色蔬菜

食物的部分大約以100公克計算。胡蘿蔔素的單位是微克，維他命C則是毫克。

黃 綠 色 蔬 菜				淺 色 蔬 菜			
食	品	胡蘿蔔素	維他命C	食	品	胡蘿蔔素	維他命C
荷 蘭 芹		7500 （μg）	200 (mg)	高 麗 菜		18 （μg）	44 (mg)
胡 蘿 蔔		7300	6	白 菜		13	22
茼 蒿		3400	21	白 蘿 蔔		0	15
小 松 菜		3300	75	小 黃 瓜		150	13
韭 菜		3300	25	洋 蔥		0	7
菠 菜		3100	65	芹 菜		290	6
白蘿蔔（葉）		2600	70				

● 不只是胡蘿蔔素，連維他命C都很豐富。

● 有許多樣都一定要加熱，維他命A很耐熱。

● 含有許多維他命C。

● 大多是能生吃的種類。

譯註：小松菜又名日本油菜，是日本特產的蔬菜。

動手做做看！ 蔬菜料理

●想在冬天做出這一道！

水煮白蘿蔔

材料（4人份）
白蘿蔔（4～5公分厚的圓切段）4段
米2大匙　鹽1小匙　味噌糊（高湯1/4杯　味噌70公克
砂糖1大匙　味醂1大匙）　水10杯

①厚削蘿蔔皮，將切面的邊角削除，如此較不容易在煮的時候裂開。
　此外用刀子穿透中心割十字，這樣才能讓中心部分也能快熟。

②在水裡放入白蘿蔔、昆布、米加鹽，在即將煮滾時撈起昆布，
　轉小火，煮到呈現筷子可以穿過蘿蔔的柔軟度。

③在味噌中加入高湯、砂糖、味醂混合攪拌並用小火煮開，
　製成味噌糊。

④將容器溫熱一下，放上白蘿蔔，加入約2～3大匙的煮汁，
　再淋上味噌糊。也可以放些柚子皮。

・白蘿蔔的產期在冬天，所以煮當令的白蘿蔔時，可以不用加米，
　只用昆布煮就可以了。若在其他的時期，也可以用淘米的水
　（第2選擇）。如此可以去除白蘿蔔特有的臭味。
　將要煮的白蘿蔔水洗後，放入昆布高湯裡，
　再加少許的鹽就可以了。

●新鮮是關鍵

棒棒沙拉

材料
小黃瓜　胡蘿蔔　西洋芹　白蘿蔔等適合的蔬菜
配料（美乃滋　酸梅　辣味明太子等）

①將蔬菜仔細洗淨，胡蘿蔔、白蘿蔔削皮，西洋芹去筋，然後連同小黃
　瓜全部都切成同樣的長條狀。

②將切好的材料立著放進大杯子裡，搭配喜歡的配料來吃。

③配料可以是酸梅美乃滋或明太子美乃滋。製作適合的分量，
　分別裝在其他容器裡。

・配料用大蒜奶油起司（大蒜泥加上奶油起司）也很好吃。

● 菜葉子的基本炒功

炒青菜

材料（4人份）
菠菜（青江菜、小松菜、萵苣、高麗菜等）1把
沙拉油2～3大匙　鹽1小匙　酒1大匙　熱開水1杯

①青菜洗淨後切成容易入口的大小。
②將沙拉油倒入中華炒鍋或平底鍋裡，加熱至即將冒煙，放入青菜與鹽，
　用大火快炒。
③炒到三分熟的時候，加入酒與熱水拌炒，等沸騰時再將水分瀝除盛盤。
　無論哪種炒青菜都能簡單完成。

・趁菜葉還硬的時候起鍋，是因為還有餘熱，等到要吃的時候
　口感就會剛好。如果在鍋中完全炒熟的話，
　吃的時候會太水。

● 令人安心的風味

涼拌菠菜

材材料（4人份）
菠菜1把　鹽1小匙　醬油1大匙　高湯2大匙

①菠菜靠近根部的地方會有很多泥土，要每一葉仔細清洗。
　整把太粗的話，就在根部切十字。
②碗公裡放入多量的水。
③在鍋中將大量的水煮開，加鹽，保持大火的狀態放入菠菜。
④等到熱水煮滾後，將菠菜翻面，等水再滾後取出。
　放入剛才準備好的碗公裡，讓冷水冷卻菠菜。
⑤每3～4根整理成整齊的一把，瀝乾，切成3～4公分的小段。
⑥高湯與醬油混合，先倒1/3在菠菜上後脫水，等要食用的時候，
　再將剩下的高湯醬油淋上，混合後食用。
　也可以撒上柴魚，沾醬油吃。

・不只菠菜，所有的青菜都可以在大量的水中用大火煮過。

最近市面上出現許多新品蔬菜。不要猶豫，只要見到就買來做做看吧。一步一步慢慢來，就能發現從沒想過的美味與新口感哦。

洋薊

又名朝鮮薊。食用鱗片狀的萼與平坦的花瓣部分。為了不產生雜質，要放檸檬跟鹽一起下水煮。一片片剝下來後沾美乃滋或鹽來吃。

水田芥

葉子不發黑才可以買。富含鈣質與鐵質。可以當成牛排的配菜，或者生食火炒皆可。

甜菜根

直徑7～8公分，
顏色深一點的才好。
整顆水煮30分鐘，
冷卻後去皮。
可做沙拉、羅宋湯、
醃漬。

彩椒

顏色鮮豔有光澤的品質較佳。
有甜味，所以可以生吃或做水煮料理

野苣

別名羊萵苣。
沒有怪味。可生食或
做沙拉、拌炒。

塊根芹菜

味道很像芹菜。
水煮過後切一
切，拌入濃湯或
馬鈴薯泥裡。

菊萵苣

堅硬的葉子用在湯裡或炒菜。
中心黃色部分則用於海鮮沙拉。

茴香

香味很像艾草或八角。
沙拉、滷汁。

美洲南瓜

別名長南瓜。
與油的相容性好。
可以炒、油炸。

紫高麗菜

紫色可以放入沙拉中
配色及食用。

火蔥

有辣味。
可以沾味噌生吃,
或做前菜、沙拉。

香菜

胡荽的葉子。
香氣很重。

用手將葉子摘下
來,直接放入稀
飯或湯裡。

菊苣

從根部將葉子一片片
剝下。浸泡在水中讓
它有光澤,可以做沙
拉、前菜或湯料。

蒜苗

味道比大蒜弱一些。
有甜度且彈牙。

可以拌炒,也可以
水煮當中華沙拉。

塌菜

將葉子一片片剝下,適合拌炒,
也適合水煮配上中華醬汁。

麵包——各種類美味食用法

● 麵包是世界上最古老的加工品？

據說麵包是在西元前2000年由巴比倫人所發明，後來在埃及、希臘、羅馬發揚光大。麵包主要是在麵粉中加入酵母菌，再加水揉合使其發酵並加以烘烤。麵包的日語Pan，是葡萄牙人傳入日本的說法。英語是bread。

種類可以略分為兩種。
一種是法國麵包等外皮較硬，只有鹹味，而且放久了會更硬的麵包；另一種是像土司或餐包等加入牛奶與砂糖，外皮薄，不易變硬的麵包。
剛出爐的麵包是最好吃的。
不只從上面觀察，從側面看，也能瞭解烘烤的程度。

切得漂亮的訣竅

用熱水或火加熱菜刀

吃厚片土司的技巧

烤過以後，在四個角落都各切一刀的話，那麼不容易吃的麵包邊也會很順口了。

將麵包橫放，從底部開始切

●試著做做看

巧袋三明治

將麵包中央切一個袋子，在裡面
加上任何自己喜歡的材料。
炒麵、鹽昆布、生菜……。一定
會發現從未想像過的美味。

巧克力棒

①將切片麵包的邊切下，放入烤箱裡烤到酥脆。
②將塊狀巧克力微波，融解後用麵包沾，就是巧
克力棒了。至於還可以沾些什麼，就依自己喜
好準備吧。

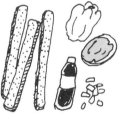

土司邊披薩

土司邊、青椒、火腿、起司、
番茄醬、鋁箔紙
將土司邊並排在鋁箔紙上，接著
放上配料、番茄醬、起司後放進
烤箱。待起司融化便完成。

提升三明治的美味。
為什麼要塗奶油？

為了不讓配料的水分滲入麵包中。抹上一層後，將多餘的
部分用小刀刮掉很重要。辣椒要在奶油之後才能塗上。

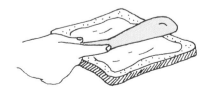

美乃滋沒有防水作用，
所以無法代替奶油。

91

麵類——各種類美味食用法

你喜歡麵類中的哪一樣呢？依種類的不同，也各有煮法與好吃的訣竅。試著做做看自己喜歡的麵吧。

●麵的種類與美味食用法

烏龍麵

麵粉與食鹽水混合後，切成長條狀。
煮的時候加入1小匙的鹽，強烈提出它的美味是關鍵。
煮好後在流動水下洗一下，會讓口感更滑順。

蕎麥麵

雖然只用蕎麥粉做會比較容易切，但為了增加黏著性，會加入小麥粉、山藥、雞蛋等，再拉長細切。
煮的過程加2～3次的水，等煮好後，在流動水下洗一下，會讓口感更滑順。

拉麵

以鹼水（鹼性的麵質改良劑）來和麵粉，切成長條狀。
麵的黃色是鹼水作用的結果。
煮好不要過冷水，直接食用。

麵線

在麵粉裡加食鹽用水和，要拉到非常細，然後再乾燥。
在拉的時候，加入少量的食用油。用大量熱水去煮，煮好後再用流動水沖一下，就會有滑順的口感。

米粉

用米的粉去做的麵食。用大量滾水煮約2分鐘後，起鍋把水瀝乾。

義大利麵

原料是杜蘭小麥粉。煮法在義大利語中稱為al dente（適合牙齒咬下），讓中心稍微硬一點是標準。

● 美味的訣竅

烏龍麵與蕎麥麵煮好後，要過冷水。

做鍋燒麵等湯麵類時也一樣，將水煮的麵過冷水後，麵質會有咬勁較好吃。

稍微再下一點功夫

麵線、烏龍麵、蕎麥麵等，分成一口一口的裝盤會較容易食用。

麵線要放久一點才好，真的嗎？

新鮮的麵線，還有一點油臭味，而且乾燥也還不夠，所以據說要放置一年後，油已經去掉，顏色白、麵條細的才會好吃。如果很在意油臭味的話，可以在流水下方仔細沖洗過。

義大利麵的保存使用保特瓶是最方便的。如果瓶口是2.5公分，每次取出就大約是1人份（100公克）。

義大利麵不黏在一起的下鍋法

像在擰毛巾一樣。從鍋子的中央轉一圈，然後放手。

義大利麵籤

也可以使用義大利麵做高麗菜捲上竹籤的替代品。

罐頭食品就算是號稱保存食品之王，但也不是「永遠不壞」的。
讓我們來學會分辨保存期限與品質好壞的方法吧。

● 要小心凸、凹、生鏽

罐子如果是膨脹的，表示裡面已經腐敗。罐子如果生鏽了，裡面也有
生鏽的可能。以材料來區分保存食物的期限，則水煮3個月，調味食
品1年，油漬食品1～2年，糖漬食品6個月～1年，蔬菜6個月～1年。

品名標籤的例子
（上段第1、2個字）

原 料	標記
橘子	MO
桃（白）	PW
桃（黃）	PY
竹筍	BS
青豌豆	PR
豬肉	PK
牛肉	BF
香腸	SG
鮪魚	AC
鮭魚（粉紅）	PS
鱈場蟹	JC
花蛤	BC

大小（L大、M中、S小）

原料的種類

製造年月日
西元年後2碼（1997年）
月（8月）
製造日（1日）

調理法

工廠名

也有許多罐頭不標
示原料及調理方
法，只用數字標示
保存期限。數字的
解讀法與上述製造
日期的標示相同。

調理法的例子
（上段第3個字）

	調理方法	標記
水產物	水煮（生裝）	N
	調味醃漬	C
	鹽水醃漬	L
	橄欖油漬	O
	番茄漬	T
	燻製	S
果實	糖漬	Y
	固體罐頭	D
蔬菜	水煮	W
	調味醃漬	C
肉	水煮	N
	調味醃漬	C

● 保存的基準是3年

罐頭的保存期限是3年。可是製造商的說法是「只要罐頭沒有膨脹，
5年也沒問題」。身為保存食品之王就算已經過了期限，
只要煮熟的話，幾乎都還是能吃。不過，水果類就不行。

三大敵　　①生鏽　②日曬　③溼氣

果實在3年內　　乾物類　　其他
　　　　　　　　5年　　　3～5年

● 開罐的訣竅

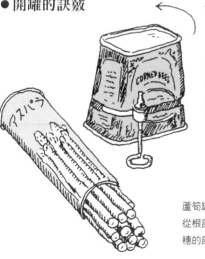

牛肉罐頭如果移動罐子，那麼開
到一半就會變得不好開。另外，
如果將罐頭放入熱水中加熱，
那麼內容物也容易潮溼。

蘆筍罐頭要從底部開啟，因為
從根部拿出來，就不會傷到葉
穗的部分。

食品的壽命——保存的基準

不要只相信保存期限，觀察實際的樣子，以確認食品的安全。

●利用眼、鼻、手確認

牛奶

舔舔看，有酸味或苦味都不行。煮沸後會凝固、倒入杯子會冒泡泡的也都不行。

開封前
從製造日
算起7天。
開封後
2天內。

麵包

乾燥、黴菌、酸味都是危險訊號。放冰箱冷藏美味會消失，放入冷凍庫可保存2週。

沙拉油

開封前
塑膠容器1年，
透明瓶1年，
著色瓶2年，
罐裝2年，
真空包裝5年。

開瓶後
如果有令人不舒服的油臭味，或炸東西時不斷起泡、顏色變濃的全都不行。

優格

乳酸菌會抑制其他雜菌的繁殖。保存在10度以下。如果有沈澱，上方是清乳，具有豐富的營養成分，不要倒掉。

開封前2週內。
開封後2天。

壓製食品

表面溼黏，有牽絲就是壞掉的訊號。顏色變黃、有酸味也表示腐敗了。

豆類

收穫後1～2年。
袋子裡若有白色粉末，表示已經長蟲。
發霉也不行。

麵線

製造後，機械製麵2年，手工麵4年。
再放更久風味就會消失。
不能潮溼、泛油或發霉。

變彎的時候可以日曬半天左右。

豆腐

切塊的豆腐開封前4天，開封後2天。

表面如果黏黏的，就表示已經腐敗。

充填豆腐開封前1週內，開封後4天。

納豆

有阿摩尼亞臭味的就不行。如果表面有點黏或發黑，那是因為放得比較久，並非不能吃。冷藏保存7～10天，冷凍保存3個月。

蒟蒻

開封前2個月。

有異臭、太軟、喪失彈力或融化就不行。

醋

製造後2年。
純米生醋或調味醋1年。
開封後出現的白色物質對人體無害。

乾香菇

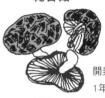

開封前1年。
黑色、發霉都不行。

進口糖果

糖果、口香糖要從開封前製造日算起12個月。洋芋片6個月。

果汁

開瓶前1年。
開瓶後盡早飲用。

日本茶

茶葉變黃色或變淺色時就是放置太久了，會不好喝。

開封前6個月。
冷凍保存1年。

紅茶

罐裝、鋁箔裝2～3年。
紙盒裝則較短。
開封後2～3個月內最好喝。

巧克力

開封前1年。
不要放冰箱因為會喪失水分。

咖啡

開封後咖啡粉在冷藏庫1週～10天。

罐裝的開封前1年半，開封後咖啡豆為1個月。

味噌

開封前6個月。
無添加則是5個月。

產生白色類似黴菌的東西。是酵母所以很安全，不過味道會變差。

火腿

異臭、酸味、黏黏的、表面變白都不可以。
開封前1根火腿約40～60天，生火腿2週。
開封後1根火腿2週，生火腿2～3天。

品質標示與添加物

雖然有點困難，但要仔細閱讀！

●聰明的食品選擇法

1. 食品包裝上的標示，
   是有其義務的。
   （根據食品衛生法）

   試著比較品名、內容量、原材料、保存期限之後，就會知道看起來一樣的食品其內容物有大大的不同。所以要仔細看食品標示！

2. 確認食品添加物

   為了讓食品保存更久、品質提升、增添賣相或香味等，會在食品中添加食品添加物。有天然與合成的2種添加物，其中有些還沒被確認是否會影響遺傳因子或身體健康。

● 食品標示例

名　　　稱	休閒食品
商　品　名	洋芋片（BBQ口味）
成　　　分	生馬鈴薯、植物油、豌豆、洋蔥、精鹽、調味料（氨基酸等）、香料、酸味料、紅辣椒色素、甜味料（甜菊糖、甘草）
內　容　量	86g
保 存 方 法	避免日光直射或放置在高溫多溼的環境中。
保 存 期 限	製造日起6個月

● 糖果的成分標示也有不同

商品名	糖果
成　　分	巴拉金糖、水飴、野草酵母、酸味料、香料、甜味料（甜菊糖）、著色料（紅高麗菜、紅花黃、紅麴黃、花青素）
內　容　量	標示於包裝上
製造年月日	標示於包裝上
保存期限	製造日起12個月

商　品　名	糖果
成　　　分	砂糖、水飴紅茶、香料
內　容　量	標示於個別包裝上
保存期限	製造日起12個月

3. 食品添加物的選擇重點

①食品添加物要盡量少。

②色素越少越好。（紅色2、3、104、105、106號，黃色4、
5號，綠色3號，藍色1、2號等並不完全保證不會致癌）

③避免人工甜味料。（阿斯巴甜、糖精、糖精鈉鹽等都有
致癌的疑慮）

④壓製食品等加工品，在夏季時保存添加物都會增加，
這一點要留意。

┌─ **●加工食品的危險添加物** ──────────
│
│　　**盡量避免食用　3大危險添加物**
│
│　1　防黴劑　磷苯基苯酚（OPP）、
│　　　　　　　腐絕(TBZ)等
│
│　2　保存料　山梨酸、安息香酸等。
│
│　3　著色劑　亞硝酸鈉等
└──────────────────────────

添加物中，合成添加物有三百種以上，天然添加物有一千種以上。
因為實在太多種了，會讓人不知該注意哪一項。這時候，先注意是
否有上述成分。只要這樣，其實就非常足夠了。

食品的清洗法——洗？ 不洗？

在做菜前，幾乎所有的材料都要仔細洗淨，但其中也有例外的。
你知道是哪些嗎？

●不洗比較好的材料

雞蛋

雞蛋是透過蛋殼呼吸的。蛋殼上包覆了一層
稱為角質層的薄膜，這層薄膜可以調整呼
吸，也能防止微生物進入殼內。沖洗雞蛋會
連同這一層膜都洗掉，雞蛋也會變得無法呼
吸，微生物也會進入雞蛋形成日後
腐敗的原因。

魚切片或肉片

為了要將材料上的髒汙洗淨，外表堅硬且不
讓水分滲進材料中是很重要的。但是魚的切
片或肉片表面柔軟，雖然用水能夠將髒汙或
細菌洗掉，但是甜味也會隨之流失，所以要
仔細加熱消毒來代替清洗。魚是在切片前洗
淨，重要的是切片的工具也要保持清潔。

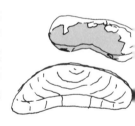

切片水果

水果只要切片就會變黃，甜味跟香味也會從
切口跑掉，所以要在切水果之前好好洗淨。

● 洗了比較好的材料

以洗劑清洗蔬菜，一定要沖乾淨

只用水很難將寄生蟲或農藥洗掉，況且蔬菜限於本身的結構形狀，要洗也很困難。有報告指出，使用洗劑能夠洗去90％的害蟲或細菌。用水沖洗只能洗去細菌5％、害蟲50～70％。儘管如此，可是用洗劑清洗時，一定要遵守規定的使用量，而且要迅速洗滌避免滲入蔬菜中，重要的是，必須大量沖水洗去洗劑。

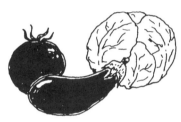

● 煮了之後再洗比較好的材料

- ・想讓完成時顏色漂亮的蔬菜類，在長時間加熱後，葉綠素會產生變化。如果只是煮好放著，那麼餘熱會讓綠色褪色。所以煮好後用水洗一下不只是為了洗去髒汙，而是降低溫度，避免出現煮過頭的顏色。
- ・蜂斗菜或竹筍等需去除雜質的蔬菜，在煮好後也要用水充分清洗過。
- ・芋頭也是煮過要清洗，但目的是為了除去表面的黏性。
- ・麵類如果煮完直接放入麵湯裡，表面的澱粉就會融解在湯裡，讓湯變得混濁。此外，如果煮好直接放著，麵也會因為餘熱而膨脹失去彈性。為了防止這兩個現象發生，就要用水清洗。

農藥・添加物的去除法

彎曲的小黃瓜才是自然的……
葉子有被蟲咬的痕跡才安全……
顏色太鮮豔的食品，就要持保留態度……等等，
盡可能選擇對身體好的食品才是對的。可是，就算這麼說，但要
取得無農藥又無添加的食品，在現今是非常不容易的……。
因此，來想想自己至少能做到的事情吧。

●去除農藥的基本方法

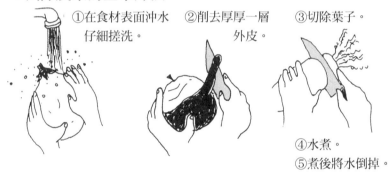

①在食材表面沖水
仔細搓洗。

②削去厚厚一層
外皮。

③切除葉子。

④水煮。
⑤煮後將水倒掉。

●依食品類別的去除法

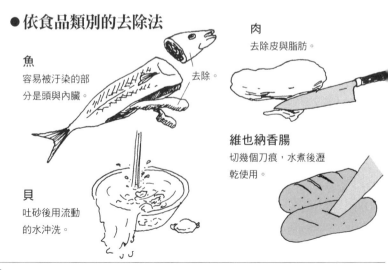

魚
容易被汙染的部
分是頭與內臟。

去除。

肉
去除皮與脂肪。

維也納香腸
切幾個刀痕，水煮後瀝
乾使用。

貝
吐砂後用流動
的水沖洗。

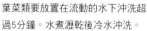

葉菜類要放置在流動的水下沖洗超過5分鐘。水煮瀝乾後冷水沖洗。

蔬菜

盡量將外層去除，如果要連皮一起使用時，要用海綿刷洗乾淨。

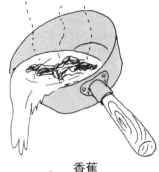

抹一層鹽後，在砧板上摩擦均勻，接著用水沖洗。鹽分的作用是將農藥給引出來。

小黃瓜

香蕉

從梗的下方2公分處拔起。

番茄

皮用熱水燙掉。
放入熱水中，待外皮捲起時
改放進冷水，外皮就能簡單撕去了。

●水也被汙染了

被工廠排水、化學肥料及農藥所汙染的水，含有許多有機物（腐植質）。這些腐植質會與用於消毒自來水的氯結合，產生有害的致癌物質三鹵甲烷。更糟糕的是，每年的水質汙染越來越嚴重，因此消毒用氯的量也就越用越多。

●去除三鹵甲烷的方式

水至少要煮沸15分鐘以上，對於去除氯與三鹵甲烷很有效。

因環境汙染所造成的水源汙染，只靠一般家庭解決是有限的。
最重要的是朝根本的解決方式邁進。

添加物品表

● 令人擔憂的合成添加物

顯色劑	亞硝酸鈉
保存料	安息香酸、山梨酸、去水醋酸鈉、對羥基苯甲酸酯（異丁醚、異丁酯、乙基、丁基、丁酯）
防黴劑	磷苯基苯酚（OPP）、磷苯基苯酚鈉鹽、腐絕(TBZ)
甜味料	阿斯巴甜、糖精、糖精鈉鹽
殺菌漂白劑	過氧化氫
接著劑	酸性焦磷酸（鈣、鈉）、焦磷酸（鉀、鈉、氧化鐵、氧化亞鐵）、聚磷酸（鉀、鈉）、偏磷酸（鉀、鈉）、磷酸（一、二、三鈉）
麵粉改良劑	溴酸鉀
著色料	紅色2、3、104、105、106號，黃色4、5號，綠色3號，藍色1、2號
酸化防止劑	二叔丁基對甲酚（BHT）、丁基羥基甲氧苯（BHA）

● 被認為是安全的天然添加物

著色料	稠化劑
葉綠素	水溶性阿拉伯膠
β胡蘿蔔素	海藻酸
弁柄硃	酪蛋白
紅麴色素	三仙膠
蟲漆酸	華豆膠
核黃素	纖維素
	果膠

添加物的安全性依國家、調查機關的不同，這些資料也會不盡相同。我們的飲食生活是綜合了環境與體質等各種複雜的要素，也因此與添加物之間的因果關係很難有具體的例證。也有目前尚未有結論的部分，例如是否受DNA遺傳因子影響等。

這裡所整理出的，是綜合了許多資訊舉例出來令人擔憂的合成添加物，以及被認為算是安全的天然添加物。但無論哪一項，都無法斷言它們是絕對危險或絕對安全，即使如此，還是把它們當作是選擇食品的標準之一吧。

製作

煎烤、蒸、煮、炒、炸——料裡的方式何止千萬，
但基本的作法就這5種。首先，就從這裡選出一
樣，作為自己的看家本領吧。

光是蔬菜就有很多種切法。記住料理中常用的切法，烹調時就會十分方便。至於裝飾切法，就得看手下功夫和煮菜時的心情囉。

● 基本切法

切一口大小

從材料的底部開始切薄片。

切絲

將切薄片的材料疊在一起切成細絲。

切長方薄片

切成長方形的薄片。

切半圓形

先將圓筒形材料切對半，再從底部切成薄片。

斜切

菜刀斜抵著材料切下。

滾刀

雖然形狀不同，但是大小都相同。

切條

切成四角柱狀。

切丁

切成骰子一樣的小立方體。

切厚塊

將圓筒狀的材料直立切成四等分，再從底部開始切片。

切屑

像在削鉛筆一樣將材料小片削下來。

切末

將已經切絲的材料再切得更碎。

去皮

將5～10公分的白蘿蔔等，削下一層薄薄的外皮。

● 裝飾切法

小黃瓜繡球

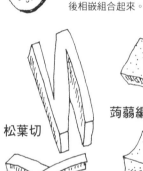

將兩片切成圓形薄片的小黃瓜各切開一個半徑，然後相嵌組合起來。

蛇腹小黃瓜

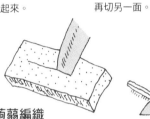

小黃瓜兩邊用筷子夾住，先從一面開始斜切不要切斷，再切另一面。

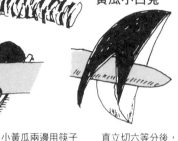

黃瓜小白兔

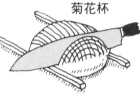

直立切六等分後，在皮上劃刀，皮削一半。

松葉切

將整塊魚糕等切成長方形並重疊組合起來。

蒟蒻編織

將切成長方薄片的蒟蒻中央割開，接著把其中一端塞進中央切口，從另一面拉回來。

菊花杯

用筷子夾住兩邊，直立地切絲。

香菇裝飾

香菇上方用刀切十字、星狀等。

小花蘿蔔

在根部切5個小洞，中央刻出星形。

煎烤——基本與訣竅

雖然是非常簡單的調理法，但要徹頭徹尾熟練煎烤的方法，也是需要一點小技巧。要記起來哦！

● 基本煎烤法

①煎烤前，要先預熱烤網或平底鍋。

②要從擺盤在上方的那一面開始煎烤。

③要一口氣出現微焦的色澤，用大火。要慢慢連內部都熟透的話，用小火。

④要煎乾一點的話，不加蓋。要煎出較有水分的成品，加蓋。

● 煎烤的訣竅

烤魚用大火的遠火

魚的表面充滿了一加熱就會香味四溢的成分。想讓表皮適當地呈金黃色，且內部全熟，就必須讓魚的四周都被高溫空氣包圍，所以大火且距離較遠的火是最好的。

在烤網上塗上沙拉油，就比較不會沾黏。

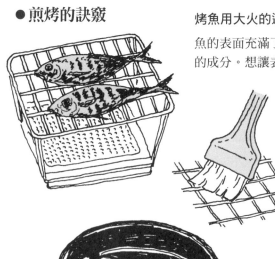

煎肉

一開始用大火將美味鎖在肉裡，接著用中火慢慢煎熟。

法式奶油煎魚（魚沾麵粉下鍋煎）

一開始用沙拉油煎魚，完成前
再加奶油下去一起煎，即可完成不
烤焦又美味的成品。

要用烤箱的話，要先
打開開關預熱。

等到內部熱了
才使用。

煎餃

水裡加少許醋

開始用大火煎
出脆皮，然後
加水用中火蒸
熟。加醋會讓皮不易黏
鍋，口感也會很清爽。

烤麻糬

鋁箔紙蓋在上方。

讓火較集中，裡面會比較快熟。

鱈魚子（明太子）

用鋁箔紙包好幾圈。

直接用烤網烤的話，皮會裂開，或者
裡頭會爆開，很難烤得漂亮。

烤魷魚乾

用烤箱烤。

不容易捲曲。

109

光只是翻炒兩下，增添的美味就足以令人驚訝，是非常方便的料理法。跟著家人一起試試看，直到自己能掌握放油的訣竅。

●基本炒法

①基本的油量，大約是材料的5％左右。在材料下鍋之前，一定要先熱油。

②事前準備都做好後，用大火快速翻炒完成。如果用低溫長時間慢慢炒，會失去材料的口感與獨特的美味。

③均勻炒熟。因此，切的材料大小要一致。如果比較難熟的食材，要先煮過或過油。

④不要一次在鍋子裡放太大量，會讓溫度降低，變成煮的了。材料的量視需求分數次炒。

⑤為了讓香氣轉移到油裡，有香味的蔬菜先下鍋。

⑥從難熟的材料先炒。

炒菜的順序是　①肉（魚）　②蔬菜　③雞蛋。

蔬菜裡會跑出水分來，所以要先將肉或魚炒到表現稍硬，將美味鎖在肉裡，再放蔬菜，趁蔬菜還沒出水的時候，用蛋汁包住。

●炒菜的訣竅

熱油鍋　炒菜前要先有熱油鍋的動作，就是空燒鍋子直到油煙即將冒出來時。先將1杯多的油倒進鍋子裡，讓鍋子的內側全部均勻上油。好了之後要將多餘的油瀝出來，另外倒入炒菜用油。

過油

先將容易流失甜味的魚貝類或切好的肉，放入大量的油裡（120～150度）過一下，再開始調理。剩下的油就瀝出來。

爆香

將生薑、大蒜或蔥，切末或拍碎後，先下鍋翻炒。

調味要從鍋邊下手

液體的調味料，要沿著鍋子邊緣倒入，以防止有一部分的材料先吸收，導致調味不均勻。醬油等佐料會增添食物的香氣。

醬油等。

先瞭解蒸法的原理，然後用身邊的道具做做看吧。

●基本蒸法

①蒸即是利用水蒸氣加熱。因為水蒸氣不會超過100度以上，所以穩定地調理是這種方法的特性。且熱氣是均勻地傳遞，所以香氣與味道也不易流失。

②水倒入隔板下煮約7分鐘。要蒸的材料等蒸氣充分地升起後再放入

③先是用大火，讓蒸氣持續冒出，一口氣把料理蒸好。

④蒸蛋之類如茶碗蒸等，用大火表面會起泡。

要用蒸籠時，一定要隔著布巾蓋上蓋子，以防水蒸氣凝結在鍋蓋上，再滴到料理中。

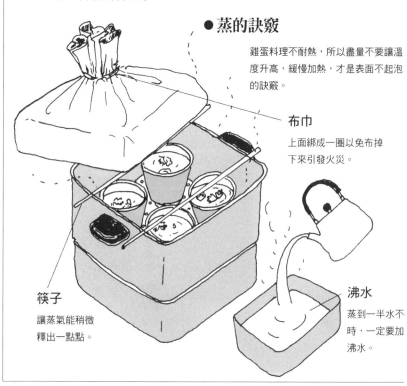

●蒸的訣竅

雞蛋料理不耐熱，所以盡量不要讓溫度升高，緩慢加熱，才是表面不起泡的訣竅。

布巾

上面綁成一圈以免布掉下來引發火災。

筷子

讓蒸氣能稍微釋出一點點。

沸水

蒸到一半水不時，一定要加沸水。

● 蒸茶碗蒸時，為什麼會有空洞？

好不容易做了茶碗蒸，但是表面却有許多小洞，也有裂痕，吃起來口感很差，這就是起泡了。

雞蛋中的蛋白質在60度以上就會開始凝固，如果一下子用100度的蒸氣加熱，那麼雞蛋中的水分就會沸騰，泡泡就會在表面上變成小洞，留在凝固的雞蛋上。為了預防起泡，訣竅是盡量不要讓水沸騰，用小火緩緩加熱，讓蒸氣慢慢釋出抑制溫度上升。

● 蒸的程度

肉、魚　大火
雞蛋　小火
穀物　大火
蔬菜　大火

● 試著做做看

把電鍋當簡易蒸籠

電鍋中放入一杯水，然後放進馬鈴薯或番薯，按下開關。就能簡單完成蒸番薯囉。

萵苣或白菜

要蒸燒賣的時候將菜葉墊在下方，燒賣的皮就不會沾黏底部，而且菜葉也可以一起食用。

煮‧水煮 I —— 基本與訣竅

連裡頭都能夠充分入味，煮食的美味有其獨特之處。而其祕密就在這一篇，連媽媽也得甘拜下風囉！

●基本煮法

①想不流失魚、貝、肉類的美味，就要在煮汁滾後才放入鍋中。
②煮蔬菜的時候，白蘿蔔、胡蘿蔔等根莖類要在一開始放入，葉菜類則是煮滾後放入。
③如果根莖類已經切成易熟的薄片，那麼在煮滾後放入也可以。
④容易起雜質的水煮蔬菜，煮好後要過冷水去雜質。而且用冷水沖洗後，能呈現鮮綠美味的樣子，也能防止煮的過爛。包括菠菜、白花椰菜、蘆筍、四季豆等都是。
⑤沒有雜質、而且容易變爛的青花椰菜或豌豆等蔬菜，煮好後瀝水放涼即可。

不過冷水

過冷水

●煮食的訣竅

煮魚時魚肉容易散，所以不可以重疊放置。放入鍋中時，盛盤朝上的那一面也要在鍋裡朝上。

生薑

放入生薑、
梅子等
能夠抑制腥味。

直接蓋在魚上
面的蓋子先用
水沾溼，才不
會黏到魚肉。

煮汁滾後才將魚放進去。

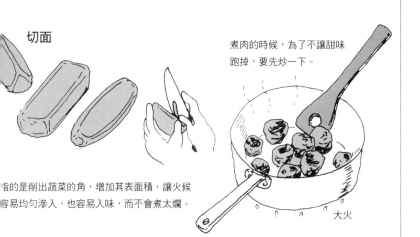

切面

煮肉的時候，為了不讓甜味跑掉，要先炒一下。

大火

指的是削出蔬菜的角，增加其表面積，讓火候容易均勻滲入，也容易入味，而不會煮太爛。

煮開後才放入的葉菜

菠菜、小松菜、蘆筍、白花椰菜、切薄片的根莖類。

開始就要放入的根莖類

白蘿蔔、馬鈴薯、胡蘿蔔、牛蒡等。

● 料理用語

一次煮開

一次煮開是指直接沸騰一次。沸騰後，將火關小或關掉，不要使其一直處於沸騰狀態。

持續煮滾

持續滾煮好的湯汁，是為了去除雜質或滑滑的外部常用的方法。

揮發

使用味醂或酒的時候，為了消除酒精而使其沸騰。

煮・水煮 II ——各類材料重點

● 水煮菠菜法

一般來說要先放入莖部，但這麼一來葉子鬆散就很難拿。所以這裡我們先放入葉子，軟了之後再煮莖。葉子與莖部可以依喜好控制軟硬度，但並不是一定要這麼煮。

● 倒入牛奶的時候

西式濃湯等湯品要加牛奶的時候，到最後才倒入就不容易與湯底分離。

● 有趣的南瓜煮法

很有趣

①開始時在鍋中倒扣一個湯碗。

②依次倒入砂糖、高湯、醬油等，正常地煮。

③煮開後關火，就這麼靜置一會兒，多餘的煮汁會被吸進湯碗中。

● 放入貝類的時候

大的文蛤或蛤蜊
在冷水時就要
先放入。

小的蜆要在水煮
開後才放。

● 麵類的水煮法

→
跟濾網一
起下去煮
很方便。

加水

① 先煮沸比麵多7～8倍的水，
　然後放麵。
② 煮滾後，再稍微加一點水，
　消除沸騰狀態。稱為加水。
　麵線因為比較細，加一次水
　後，再沸騰就要撈起。
　烏龍麵、蕎麥麵大約要加3
　遍左右。
③ 在流動的水下沖洗，除掉外
　層滑滑的物質。

● 料理用語

過熱水

已經煮熟卻冷卻的麵，想要沾溫溫的湯汁食用時，就放
入熱水中燙一下，馬上就會讓麵變溫。

隔水加熱

將加了材料的鍋子或碗等放入加了熱水的鍋中，可以間
接加熱碗裡的材料。比起直接加熱，熱度能更溫和地傳
遞。在加熱奶油、巧克力等容易燒焦的物品時使用。

炸 1 —— 基本與訣竅

最初要挑戰炸東西的時候，可能需要一點勇氣。為了預防啵啵啵的油爆，或意想不到的事故，一定要將基本的方法掌握住。跟著家人一起做做看吧。

●基本炸法

①使用新的油。
②遵守適合材料的油溫。
③材料上的水分要仔細拭乾。
④不要一次放太多材料。會使油溫下降，無法炸得酥脆。
⑤當次放入的材料，要全部起鍋後，再放下一批。
⑥炸好的標準，是浮到油的表面，用筷子戳有鬆脆感。
　麵衣呈金黃色。

●撒一點麵衣觀察油的溫度

●用長筷子觀察油溫

放入乾的長筷子
①筷子的前端緩緩冒出泡泡，約150度。
②整雙筷子緩緩冒出小小的泡泡。約160～170度。
③整雙筷子啪一下冒出很多泡泡。約180度。

高溫
稍微沈下去一點馬上就浮起來。
170～180度

中溫
沈到一半後浮起來。
160～170度

如果麵衣一下子就在表面散開，那就是油太熱了，不能用。

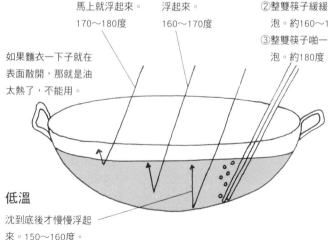

低溫
沈到底後才慢慢浮起來。150～160度。

● 炸的食品與溫度

低溫（150～160度）油炸獅子唐辛子（一種綠色的辣椒）、
　　　　　　　　　　馬鈴薯、麻糬等。

中溫（160～170度）油炸什錦、中式炸雞、炸蔬菜天婦羅、
　　　　　　　　　　炸豬排等

高溫（170～180度）炸魚天婦羅、炸魚片、花枝、可樂餅等。

● 油的重覆使用法

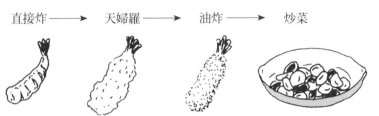

直接炸 ——→　　天婦羅 ——→　　油炸 ——→　　炒菜

譯註：直接炸是指不裹粉，天婦羅則是裹天婦羅調製粉炸，
　　　油炸則是裹上麵包粉。

● 用過的油如何善後？

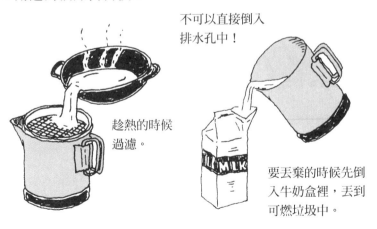

不可以直接倒入
排水孔中！

趁熱的時候
過濾。

要丟棄的時候先倒
入牛奶盒裡，丟到
可燃垃圾中。

炸 II ——作法與創意

● 豬排　基本的作法

材料　豬肉（里肌、腰內肉等）、麵包粉、雞蛋、麵粉

①雞蛋攪拌均勻。

②將肉筋切斷，沾上鹽與胡椒，然後均勻裹上薄薄一層麵粉。

③浸入蛋汁裡。

④全部仔細沾上麵包粉，然後輕輕拿住讓多餘的麵包粉掉落。

⑤沙拉油與豬油各半，加溫到170度以後油炸。

炸得酥脆好吃的訣竅

麵包粉裡噴一點水，讓麵包粉微溼。

肉先醃漬10分鐘。
放入冷藏庫降溫，
就能炸得很酥脆。

●中式炸雞　基本的作法

材料　雞腿肉、麵粉、太白粉、醬油、生薑、酒

①將雞肉切成容易入口的大小。厚一點的部分要劃刀，才能炸得平均。

②放入醬油、生薑、酒混合均勻的醃醬裡，醃10分鐘。

③要下鍋炸之前，先用紙巾拭乾雞肉上的醬汁，可以沾麵粉與太白粉混合的麵衣，也可以只沾太白粉。

④以170度以上的油來炸，要炸到裡面全熟。太白粉在低溫下容易脫落。

● 天婦羅 基本的作法

材料　麵粉1杯
　　　水1杯（雞蛋1個與水混合
　　　成1杯）

①先將蛋打入水中充分混合。
　（有時間的話放入冰箱冰，會
　更容易炸得酥脆。）

②放入麵粉，筷子上下左右，以
　十字的方式攪拌。

從鍋子邊緣慢慢滑進鍋中。

③以紙巾拭乾材料的水分，
　裹上麵衣。

④放入鍋中，等浮到油上方
　且顏色漂亮的時候，翻面
　再炸到熟。

沙拉油或天婦羅油
必須要高溫。

油渣要隨時撈除。

● 油炸的創意

替代麵衣

將洋芋片或乾麵線放進袋子裡壓成
小塊，代替麵衣來做做看吧。

**中式炸雞不沾
手的裹麵衣法**

在塑膠袋裡放入調
味料，充分混合後
加入太白粉。

**不讓麵包粉剩
下的方法**

一邊倒麵包粉一邊做。

121

乾貨還原——各種類的復原法

為了方便長久保存而乾燥的食品，首先就從將它們「還原」後開始調理。

高野豆腐

泡在大量溫水中，變軟了之後，在溫水裡擠壓幾次。
換水，重複上述動作直到水不會變白。

擠壓

譯註：高野豆腐是指冷凍脫水後再乾燥的豆腐。

乾海帶

泡在水裡約5分鐘，復原之後用水清洗即可。

鹿尾菜

①在大量溫水中浸泡6～7分鐘。充分攪拌，讓夾雜的髒東西落下。換水3～4次，反覆一樣的動作。

②過一下熱水，用網子撈起來。

譯註：鹿尾菜，日本海藻的一種。

乾瓢瓜

快速清洗，撒鹽後揉擠，
讓纖維軟化。
洗去鹽分，泡水約30分鐘後
水煮調味。

為了不要讓它們浮起來，
要壓蓋子。

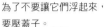

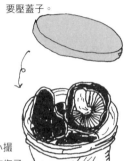

乾香菇

泡進溫水中加一小撮
砂糖，就會很快恢復了。

浸泡用的水會有香菇甜
味，可以拿來烹飪。

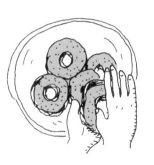

烤麩

泡水，連中心都變軟之後，
擠壓將水全部擠乾。

●乾貨還原後，量會增加這麼多

	重量	乾貨的標準量
海帶	7～8倍	當味噌湯材料時，1人份約2公克
鹿尾菜	8～10倍	煮的時候1人份10公克
乾香菇	10倍	1個2～4公克
乾瓢瓜	6～7倍	瓢瓜捲4根的分量30公克
切片乾蘿蔔	5倍	煮物時，1人份10～12公克
高野豆腐	5倍	煮物時，1人份1塊16公克

冷凍 I ——家庭冷凍的基本

●冷凍是什麼？

冷凍的原理，是將食品中所含的水分凍結。如果在短時間內急速冷凍，那麼水分就會變成很小的冰結晶，所以不會改變原味。

市面上的食物都是在零下40度冷凍的，而一般家用冷凍庫就只有零下20度左右，所以要能快速結凍得要下一點功夫。

●各種類的冷凍法

蔬菜

基本上要水煮過。可是，白蘿蔔跟生薑只要直接磨成泥冷凍就可以了。

水煮蔬菜冷凍的訣竅是，先煮得稍硬，冷水洗後將葉子拭乾水分。保存標準在一個月內。

用紙巾等仔細去除水分。

湯類

冷凍後會膨脹約10%，所以要使用空間稍大的容器。

要留空間。

肉類

生的可以直接冷凍，但如果先調過味，肉的原味比較不會跑掉。容易壞的絞肉或雞肉，要先加熱過再冷凍比較放心。

用醬油或生薑等調味。

●家庭冷凍的訣竅

①減少食品的水分。

水煮過，或是以鹽、醬油、砂糖、醋等脫水。

②做下列動作讓食物能在短時間內冷凍。

・分裝成小袋並壓平。

・為了便於傳遞冷空氣，使用金屬容器。

・袋裡的空氣用吸管等物吸乾，讓袋子內幾乎成真空狀。

・溫的東西要冷卻後再放進冷凍庫，以防冷凍庫裡的溫度上升。

・放進冷凍庫後，至少1小時內都不要打開冷凍庫門。

●動手做做看

家庭冷凍

用金屬器皿裝魚或肉，
會比較快冷凍。

分裝成小袋並壓平。

做成醋漬蓮藕
後再冷凍。

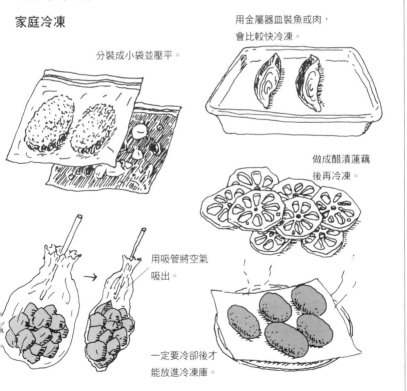

用吸管將空氣
吸出。

一定要冷卻後才
能放進冷凍庫。

●什麼都能冷凍？

並不是所有東西都適合冷凍。也有很多東西是解凍後就不能吃或是很難吃。

油炸豆腐　豆腐　牛奶　美乃滋　MILK　蒟蒻　布丁　果凍　茶碗蒸

①纖維多的蔬菜冷凍後會變得很粗硬。竹筍、蓮藕、蜂斗菜等。
②生蔬菜會變得黏黏的。萵苣、高麗菜、白菜等。
③豆腐、茶碗蒸、蒟蒻、果凍布丁等水分很多、柔軟有彈性的食物，冷凍會變質成海綿狀。
④脂肪多的魚或肉，脂肪會氧化而失去原來的味道。
⑤牛奶、優格、美乃滋等，裡面的脂肪與水分會分開。
⑥雞蛋殼會破掉。
⑦玻璃瓶裝飲料，玻璃瓶會破裂。

● 冷凍與營養

維他命C很耐低溫，所以冷凍也沒關係。蛋白質與醣類也不會有太大變化。可是，脂肪較多的魚等食材，大約1週脂肪就會氧化，容易引起脂肪燃燒的變化。吃了氧化的脂肪，有些人會拉肚子。

● 冷凍的創意

磨成泥的生薑、山葵、蒜頭、切末的蔥。

1次分量

用製冰器冷凍起來。

用紙袋或報紙包冰塊，就能長時間存放。

豆腐做成凍豆腐在半解凍的狀態下切一切，下鍋燉煮。

荷蘭芹如果整顆下去冷凍，就會變得四分五裂。

高湯用杯麵容器裝。

牛排、漢堡肉排煎得稍熟後冷凍。

巨峰葡萄等可以直接冰凍，拿出來後就是甜點了。

肉汁減少，甜味就不會跑掉。

127

解凍——美味的解凍法

●解凍方式不同，味道也會不同

解凍的重點在於不要讓食品中重要的養分，例如蛋白質或維他命等流失。因此，要盡可能減少融化而流出水分。有四種解凍的方式如下。

●自然解凍

放冷藏庫5～8個小時，或是靜置室溫下2～3小時，讓它慢慢解凍。

●流水解凍

魚或肉在半解凍（中間還沒完全融化）的狀態調理。

生鮮食品

包兩層塑膠袋以避免食品受潮，然後開水龍頭小流量地沖。大概20分鐘就會解凍。

●直接調理

油炸　用160度油慢慢炸。

調理過的食品

餃子
中途加水。

西式濃湯、咖哩等要隔水加熱。

● 用微波爐解凍

生鮮食品要解凍，用微波爐最好。盡可能地快速讓食品升到-5～0度之間，是不會降低品質的訣竅。可是，如果冷凍狀態本身不好的話，急速解凍反而會讓品質更糟糕。

肉或魚等的生鮮品

①除去保鮮膜

電波會在所有能溶解的地方作用，所以如果包著保鮮膜，水分會集中在表面，可能會只有外側解凍而已。

②使用解凍架或筷子

把要解凍的食品用解凍架或筷子架起，可以減少接觸面而較快解凍。

③從冷凍庫直接拿進微波爐裡

趁表面還沒有自然解凍的時候，從冷凍庫拿出來直接放進微波爐，這是防止解凍不均勻的小秘訣。

流水法

表皮很薄，看起來幾乎乾燥的東西（包子、燒賣等），在水下沖2～3秒，會讓表皮吸收了水分而有彈性。在外皮上包保鮮膜，不要太過貼合。

攪拌法

咖哩或西式濃湯要分成小部分解凍。加熱中途要攪拌2～3次。

腥臭味——  *去除法・消減法*

討厭吃魚或吃雞肉的人，有些是因為不喜歡那種味道。來瞭解一下如何降低或消除素材特有的臭味吧。

● 各種材料的除臭法

● 討厭雞肉腥味的時候

將雞肉放進加了一小撮鹽的熱水中，等四周變白之後撈出。

● 肝臟的腥味

大量的鹽。

醋緩緩倒入。

腥臭是來自肝臟裡殘留的血液與膽汁。要完全脫除。

①鹽、醋放在肝臟上搓揉，然後用流動的水充分洗淨。

②要在熱水中將雜質都煮出來，然後調味。

另一種方式是泡在水裡除血，接著泡牛奶30分鐘～1小時，然後用紙巾充分拭乾。

● 魚雜的各種去腥法

譯註：魚雜，指切除魚肉後所剩的頭或骨等部分。

①用稍微濃一點的鹽水浸泡10分鐘，再用水清洗。

②抹鹽靜置15分鐘。
沖水，再快速過熱水。

用這些方法事先處理，烹煮時腥味就會比較和緩。

③用流水清洗，過熱水，形成霜降的狀態。

● 鹹氣高的切片魚

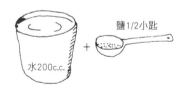

水200c.c.　＋　鹽1/2小匙

預備鹽

泡在薄鹽水裡約3小時後，在水滲入魚肉之前鹽分就會先稀釋出來。這些預備鹽又稱迎接鹽。只會去除與水接觸的魚表面的鹽，水則不容易滲入。

131

雜質——去除法·消減法

●什麼是雜質？

雜質是指腥臭、苦味或澀味。在調理中將這些雜質撈起消除，稱為去雜質，會讓口感更好。

野生蔬菜的苦澀味比較強烈，隨著蔬菜的品種改良與溫室培育，雜質少的蔬菜越來越多。雜質的主要成分來自鉀，如果大量攝取對身體有害，所以有雜質的蔬菜不要忘了去除。

●蔬菜的去雜質法

白花椰菜

放入加了麵粉的熱水裡煮。雜質會跟麵粉結合變白。

蓮藕

用加了數滴醋的水清洗。

馬鈴薯

切好用水清洗。

番薯

削掉厚厚一層皮。

雜質存在皮與果實之間。

要烹煮雜質多的蔬菜時，在鍋子周邊塗上一層沙拉油，雜質就不會附著上去。

包裝蔬菜

芋頭、蓮藕等已經有
漂白過的狀態。

泡在水裡10～15
分鐘。

珍珠菇

快速過熱水。

牛蒡

切好後泡在水裡
10分鐘左右。

雲蕈（舞茸）

在熱水裡
涮一涮。

不容易變黑。

蜂斗菜

去皮，放入冷水煮滾，
湯倒掉，調味。

栽培的蜂斗菜雜質較少，所以不必在
砧板上鋪鹽後搓揉也可以。

研磨・壓碎——基本與訣竅

可能有些家庭中，小孩子要負責磨白蘿蔔泥。雖然很簡單，卻是一種很深奧的方式。重點就在按壓，大展身手讓大家嚇一跳吧。

● 基本研磨法

● 蘿蔔泥

使用靠近葉子，具有甜味的部分。

削皮，切口直角抵住研磨器。

纖維被切斷，會變成水分剛好的蘿蔔泥。

● 紅葉泥

白蘿蔔

用辣椒、胡蘿蔔混白蘿蔔泥的菜色。

辣椒

在水裡把籽取出。

用筷子之類的在白蘿蔔上戳洞，把辣椒塞進去，一起磨成泥。加入紅蘿蔔的時候要同時加醋。

● 山葵泥（哇沙米）

柚子

將帶有香氣的皮磨成泥使用。不馬上磨，皮會變黑。

山葵的辣味來自異硫氰酸鹽這個物質。會被山葵中別的酵素分解而變成辣味，因此要慢慢磨把辣味引出來。如果邊磨邊加些砂糖，酵素的作用會更大，更增添辣味。

胡蘿蔔會破壞維他命C？

白蘿蔔泥中的維他命C會因為加入紅蘿蔔而流失95％。因為胡蘿蔔裡有維他命氧化酵素，會破壞維他命C。所以紅蘿蔔煮過再加，或是在紅葉泥裡加醋都可以。

辣味或香氣多留在皮上，因此要稍微留下一些皮。即使加熱過後辣味都還會殘留，所以也可用於燉煮。

薑

●基本壓碎法

●簡易壓碎馬鈴薯的方法

馬鈴薯泥

馬鈴薯

連皮放進冷水一起煮。

馬鈴薯一定要趁熱壓碎！
冷卻就不容易破壞，而且
會從細胞裡釋出糊狀的澱
粉，變得很難吃。

手用水泡冷後，趁著
馬鈴薯還熱時可輕鬆
剝皮。

趁馬鈴薯熱的時候，
從塑膠袋外面用空瓶
子慢慢壓碎。

過篩

使用篩子邊磨邊讓材料變
細碎，磨碎食材後，料理
的成品會更順口。

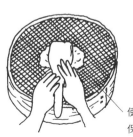

使用時網眼要
保持斜的。

大蒜

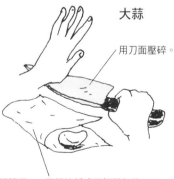

用刀面壓碎。

用鋁箔紙或保鮮膜包住，
砧板才不會沾上味道。

135

凝固——各種類的使用法

糖醋豬肉之類的快炒、螃蟹芙蓉上方黏黏的一層芡汁、甜點中的果凍、葛餅等等，使用於凝固的材料如下。

● 基本使用法

太白粉

以前的太白粉是由樹薯的塊根所製，現在則是用馬鈴薯澱粉當原料。

適合勾芡。要在水裡融化。料理調味之後將太白粉水均勻淋上煮熟。變透明就表示熟了。

訣竅1　勾芡一定要先將粉放在水裡攪勻。
　　　　如果直接倒粉的話會結成一塊塊。
訣竅2　一定要煮熟之後才能放太白粉水。
訣竅3　倒入後要迅速攪拌。

玉米粉

原料是玉米的澱粉。黏性是最低的，
所以是用來做蛋糕或甜點。

葛粉

以野葛藤的根做為原料。
適合做和式甜點、葛餅、葛湯。

● 動手做做看
葛餅

將葛粉1/2杯、水2/3杯、砂糖1大匙倒入鍋中，充分攪拌後開火。
變透明且稍微凝固之後將火關掉。倒入被水沾溼的便當盒等容器。放入冰箱冷卻後，沾黃豆粉或黑糖漿食用。

寒天

是用石花菜這種海藻煮過後做成的無熱量食品。用手撕碎後，一根用2杯水泡至少30分鐘後，將其煮到融化。如果有雜質浮出就撈掉。如果是寒天粉，一杯水大約加入2公克浸泡使用。在製作羊羹、蜜豆、涼粉時使用。

35度以下就會凝固。

訣竅　想加入酸酸的果汁裡時，要冷卻到60度以下再加，不然太熱加進去會融掉。

明膠（吉利丁）

由動物的皮或骨頭做成，原料為蛋白質。
使用時要加入4倍的水，溶解約10分鐘後跟食材混合。
適合做果凍或布丁等。

加熱溫度為40～50度。
冷卻至13度以下才能凝固。

訣竅　新鮮鳳梨裡面含有蛋白質分解酵素，如果直接加入會無法凝固。要使用罐頭鳳梨或煮過的鳳梨。

●動手做做看
簡易優格果凍

明膠粉1大匙溶於4大匙的水裡。在鍋中倒入牛奶1杯、砂糖60公克，煮開關火之後，加入明膠攪拌溶解。
冷卻後，加入小於1杯的優酪乳攪拌，倒入造型容器裡放進冰箱。食用的時候，可以加一點果醬等。

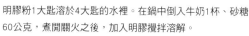

●防止容易壞掉

①內容物要等冷卻才裝盒。

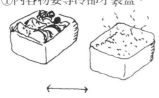

冷的菜餚與熱騰騰的白飯
要分開裝，等到都冷卻後
再裝一起。

②熱的時候不要蓋上蓋子。

不只是因為熱食蒸發出來的水蒸
氣會讓便當水水的，冷卻的過程
所維持的一長段溫暖的時間，
也容易滋生細菌。

酸梅也要等冷卻
後才放。

③生鮮蔬菜或水果，盡可能保持完整，或炒過。

會從切口腐敗。

炒蔬菜之類的處理，因為有放
油，所以水分減少，也不易腐
壞。而且量也會減少而容易存
放，是個一石二鳥之法。

④保存下來的食物，食用當天一定要熱透。

絞肉料理容易腐壞，
要特別注意。

⑤蓋子四周的軟墊也要仔細清洗。

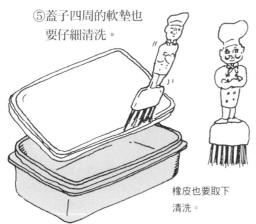

橡皮也要取下
清洗。

⑥竹飯盒的透氣性很好。

● 便當的一點小功夫

夏天可以用冷凍的溼巾或冰果汁抑制便當腐敗。

三明治要冷凍。

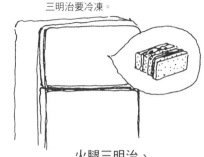

生鮮蔬菜可以用紙巾包著攜帶，要食用時再夾進麵包裡。

火腿三明治、
果醬三明治等。

不用沾鹽的水煮蛋。

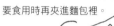

舔一下就會感到
刺激的濃鹽水。

泡一個晚上後直接煮開。

用包裝袋裝起來，要吃的時候再用牙籤戳個洞。

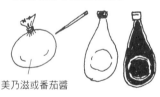

美乃滋或番茄醬

比起天婦羅，油炸較適合放便當

會走味。

味道會持久。
中式酥炸也可以。

義大利麵煮得稍硬，滴入沙拉油，之後不會黏黏的，也不會變硬。

混合調味料——簡易筆記

調味料的混合比例，大致上依不同的料理而有其固定方法。其餘就要看所居住的地方，不同地區的家庭會稍微有點差異。表內的標準，有適合自己口味的要牢牢記得哦。

調味料	醋	鹽	醬油	砂糖	高湯	味噌	其他
醋類							
二杯醋	3大		1.5大				
三杯醋	5大	1/3小	1.5大	1.5大			
甘醋	3大	1/3小	1大	1大			味醂1大
甘醋餡	5大		5大	5大	水5大		太白粉1大
辣椒醋	3大	1/3小		1/2小	3大		辣椒1小
沾醬							
味噌（淋）			1/8杯	1/2大	1杯		
味噌（沾）			1/3杯	1.5大	1杯		味醂1小
天婦羅醬			1/4杯	1大	1杯		
壽喜燒			1杯	1/3杯	3杯		味醂2/3杯
芝麻醬			1/2杯	3大	1～3杯		芝麻1/2杯
味噌糊				1/2杯	1杯	1杯	
涼拌調味							
芝麻涼拌			2～3大	1～2大			芝麻5大
芝麻味噌醋拌	4大	1/5小		2大		5大	芝麻5大
白拌		1/2小		1大			芝麻3～5大、豆腐1/2個
紅葉涼拌	3大	1/2小		1大			白蘿蔔、胡蘿蔔泥100公克
山椒葉涼拌				1大	2～3大	5大	山椒葉芽1把
辣椒涼拌				1大	4大	5大	辣椒1小

西式醬汁	奶油	麵粉	牛奶	鹽	胡椒	其他
白醬	1大	2大	1杯	1/3小	1/10小	鮮番茄醬1杯 胡蘿蔔、
番茄醬	2大	1大	水2杯	1小	1/2小	洋蔥50公克

	醋	油	辣椒	鹽	胡椒	其他
美乃滋醬	2	3/4～1杯	1小	1小	1/2小	蛋黃1個分量
法式醬汁	1/2杯	1/2杯	1小	1小	1/4小	油與醋1:1或2:1或3:1

大：大匙，小：小匙，杯：1杯（200c.c.）

禮儀

指的是為了能夠更有趣、更美味地享受美食而存在的禮儀。簡而言之就是「體貼的心意」。為了身邊的人，以及自然或地球，稍微留心想一想吧。

和食——筷子使用與用餐法

● 基本禮儀

禮儀常被認為既生硬又困難，可是，基本上卻是很簡單的。

①留意自己的行為，讓周遭的人也能舒適地進餐。

②不要製造或發出各種干擾的聲音。

③不做轉筷子、玩食物、給人添麻煩的動作。

④大家一起享受餐點。

雖然也有從前便流傳下來的用餐法，但如果太重視形式，反而會看起來很愚蠢。再怎麼說，如果不能吃得很美味，一切就都沒有意義。採用其中好的部分，遵守基本原則，然後做點改變吧。

● 筷子的握法

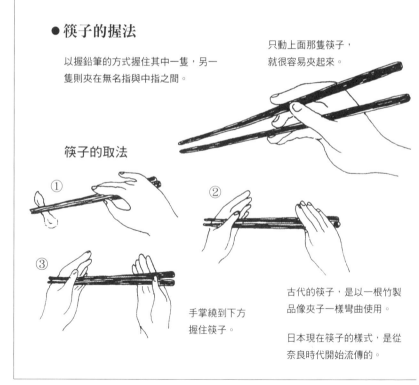

以握鉛筆的方式握住其中一隻，另一隻則夾在無名指與中指之間。

只動上面那隻筷子，就很容易夾起來。

筷子的取法

① ② ③

手掌繞到下方握住筷子。

古代的筷子，是以一根竹製品像夾子一樣彎曲使用。

日本現在筷子的樣式，是從奈良時代開始流傳的。

● 和食的基本禮儀

〈三菜一湯的順序〉

①先喝一口湯。

②白飯與配菜
交互食用。
不要重複一直
吃同一道菜。
盡可能熱菜趁熱、
冷菜趁冷食用。

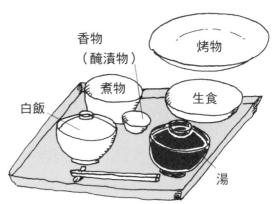

香物
（醃漬物）

烤物

煮物

生食

白飯

湯

● 煮物的食用法

放在蓋子上送
到嘴邊。

大的東西，要先在容
器裡切成一口大小。

● 掀湯碗的方法

蓋子難掀的時
候，先握住湯碗
邊以固定湯碗。

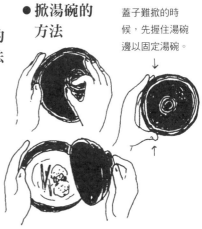

● 使用筷子時要謹慎

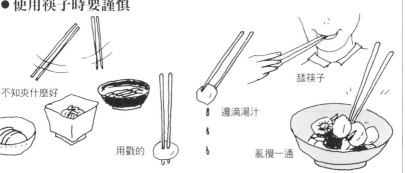

不知夾什麼好

用戳的

邊滴湯汁

舔筷子

亂攪一通

143

西餐——基本的用餐法

刀叉早就已經是我們熟悉的道具。可是，跟長輩們一起去餐廳或飯店用餐時，會不會有點緊張而食不知味呢？西餐禮儀的基本跟和食一樣，剩下的就是瞭解西餐特有的規則即可。這麼一來，你就成為小紳士小淑女囉。

●就算再一次上餐廳，也沒問題了

優雅地就坐。
①等待服務人員將椅子拉開後，慢慢地坐下。
②身體與桌子之間的距離，大概是一個拳頭寬左右。

餐巾要對折放在膝蓋上。

餐巾要在點餐完畢，送餐上來之前鋪在膝蓋上。

餐巾是為了在用餐時，擦拭唇邊及指尖使用。如果用餐中途要離席，餐巾要放在椅子上。

用餐完畢後，簡單將餐巾折好放在桌上。

餐巾或湯匙若掉到地上，請服務人員替我們撿起來。

要擦嘴的時候，用餐巾角按壓。不要用來抹臉或揉鼻子。

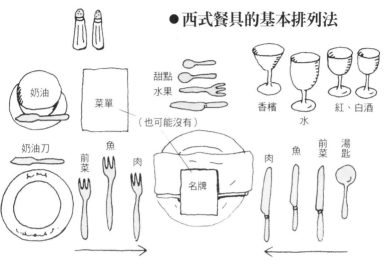

●西式餐具的基本排列法

奶油

菜單

（也可能沒有）

奶油刀

甜點
水果

前菜　魚　肉

名牌

肉　魚　前菜　湯匙

香檳　　水　　紅、白酒

西式餐具除了飲料之外，原則上其他都不
可端起來。湯匙、叉子從外側開始使用。

●刀、叉、湯匙的使用法

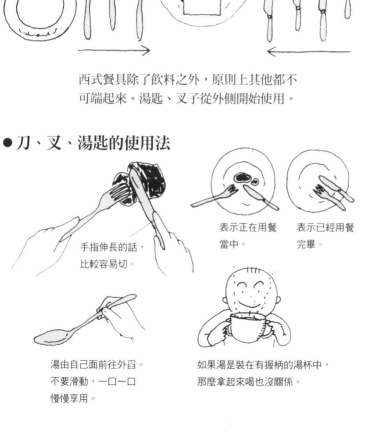

手指伸長的話，
比較容易切。

表示正在用餐
當中。

表示已經用餐
完畢。

湯由自己面前往外舀。
不要滑動，一口一口
慢慢享用。

如果湯是裝在有握柄的湯杯中，
那麼拿起來喝也沒關係。

145

日本茶——美味的沖泡法・飲用法

茶依種類不同，有各種讓它好喝的沖泡溫度和方法。喝了好喝的茶，連心裡都暖洋洋的，或許是因為同時感受到泡茶的人「想要泡得好喝」的心意吧。那麼，我們也來泡杯好喝的茶吧。

● 煎茶的泡法

喜歡澀一點，用80～90度的高溫沖泡。想要提出甜味，用50～60度沖泡是祕訣。要連最後一滴都倒進杯子裡。

一人份3公克。

要先溫壺。

閃2～3分鐘。

● 玉露

注入茶壺的八分滿。

喝的時候用雙手捧著容器慢慢喝。

冷卻壺

讓熱水溫度下降。

注入茶

閃3分鐘後倒入茶杯。

味道與香氣讓它擁有茶中白蘭地的美稱。以低溫（人的表體溫）緩緩沖泡是訣竅。

● 烘焙茶

四溢的香氣是重點。關鍵就在使用高溫熱水提出香氣。
從熱水壺裡直接將沸水倒入茶壺。

注入沸水。

預先溫杯。

大約悶1分鐘。

● 抹茶

比想像中還要簡單且好喝。先不管詳細的步驟,只要有隻茶筅,
任何人都能做到。手腕仔細地前後移動,是起泡的訣竅。

喝的時候,首先吃一個日式甜點,接著用3口喝完一杯。如果杯子上有漂亮的彩繪,
要先將彩繪轉向外,避開圖案就口。

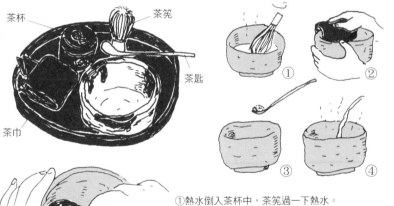

茶杯　　茶筅

茶匙

茶巾

①熱水倒入茶杯中,茶筅過一下熱水。
②把熱水倒掉,用茶巾或布巾將水分擦乾。
③放入茶匙1匙半,或是小湯匙1大匙的抹茶。
④注入熱水(80～90度)50～60cc。
　(以3口就能喝完的量為準)
⑤茶筅垂直立在杯中,手腕握住前後攪動,
　讓茶起泡。

147

紅茶・咖啡——美味的沖泡法・飲用法

想要喘口氣休息一下的時候，你會想喝什麼呢？別老是喝果汁等甜甜的飲料，偶爾喝點紅茶如何？另外，如果能泡杯咖啡為家人服務，那就再好不過了。

●紅茶的基本沖泡法

利用氫離子濃度高的水，沸騰後注入是訣竅。

茶杯是淺底的。

①將氫離子濃度高的水煮開。

②將茶壺與茶杯溫熱。

③1人份1茶匙。在茶壺中放入人數＋1杯的分量。

熱水

④悶3～4分鐘。

濾茶器

喝的時候，端不端茶盤都沒關係依喜好也可以加入牛奶。

●咖啡的基本煮法（過濾式）

濾紙比起濾巾還要容易讓熱水通過，所以慢慢地注入熱水，慢慢蒸才是訣竅。

沸騰的水

兩張濾紙重疊，先濾一次熱水
除掉紙臭味是專家的手法。

一人份1匙已
經磨成細粉
的咖啡豆。

從中心到外圈，
緩緩以畫圓的方式倒水。
只要冒出泡泡，
就會散發香味了。

喝咖啡的時候，不要發出嘖嘖
聲。將杯子握柄轉到慣用手那
一邊，再拿起來喝。拿握柄時
小指不要翹起來。

深一點的杯子

餐巾——各種摺法

餐巾是在用餐時鋪在膝蓋上，以免食物掉落，同時還可以用來擦拭嘴角跟手指。

在餐桌上，餐巾也能當作炒熱歡樂用餐氣氛的小道具，試著在各種餐巾的摺法上下點功夫吧。

● 基本摺法

刀叉口袋

皇冠（主教帽）

金字塔

竹筍

包酒瓶

因為覺得很難，就會跳過不看。可是為了健康的身體，這是很重要的事情，所以努力讀過一遍吧！

●六種基本的營養

蛋白質

組成我們身體的蛋白質，是由幾千幾百個叫做氨基酸的物質像鍊條一樣組成的。氨基酸共有20種，其中包括異白氨酸、白氨酸、離氨酸等8種無法在體內作用，稱為必須氨基酸，是要從飲食中攝取。

脂肪

要維持身體的運作，或運動身體，都必須要有能量。而能量的來源靠的是脂肪的燃燒。雖然也有其他營養可以成為燃料，但是脂肪的特質，就是像存款一樣積存著。有許多人很排斥脂肪，但是適度的脂肪攝取，仍是不可或缺的。

礦物質

鈣、磷、鈉、鐵……。這許許多多的元素，就是礦物質的主要成分。在我們身體中含量最多的礦物質就是鈣。成人的體內，大概含有幾乎1公斤的鈣質。不只是形成牙齒與骨骼，還能夠抑制肌肉的興奮及身體對刺激的過度反應，是重要機制運作的推手。

碳水化合物

醣類與食物纖維，是碳水化合物的兩種呈現。醣類能提供身體能源。而食物纖維則能夠促進腸胃蠕動，預防便秘、大腸癌及高血壓等。無論哪一個都有很重要的功用。

維生素C

20種以上維生素的其中一種。淡色蔬菜裡面含量豐富。負責運作身體機能維持良好狀態。因為是水溶性而無法儲存，必須要每天攝取。

胡蘿蔔素

黃綠色蔬菜等顏色深的蔬菜中含量多。攝取進入體內會變成維生素A，是牙齒與骨骼發育的必需品。如果攝取不足，也會成為罹患夜盲症的主因。

●健康飲食生活檢查表

① 每天食用30種以上的食材。　　　　　　　　是・不是
② 喜歡低脂食品。　　　　　　　　　　　　　是・不是
③ 很少食用果汁或甜點。　　　　　　　　　　是・不是
④ 控制自己不吃太鹹的東西。　　　　　　　　是・不是
⑤ 不勉強自己減少吃東西的量。　　　　　　　是・不是
　　如果有三項以上的不是，就要注意了！

問題1・1天適量的鹽分是？　　　　　　　　　　☐公克
　　　・1杯泡麵的鹽分是？　　　　　　　　　　☐公克
問題2・罐裝果汁一罐換算成的砂糖是？　　　　　☐公克
　　　・一天適量的砂糖是？　　　　　　　　　　☐公克
問題3・洋芋片的熱量，與拉麵或炒飯的熱量誰高？

答案1. 10公克以下・5〜6公克　答案2. 25〜30公克・約20公克　答案3. 都差不多

吃完飯後，一定得清洗餐具。每個人都希望能在短時間內
迅速完成。但重要的是你能不能花點心思。如果可以
做到，那洗碗就不再是件痛苦的事了。

● 基本清洗法

餐具的髒汙要盡可能去除，這樣子汙垢
才不會附著，引起黴菌繁殖增生。
餐具的汙垢要先用水沖洗過，再放在裝
了水的器皿中清洗。

廚房用洗潔精
按照標示稀釋

0.1%以下的濃
度，真的只要一
點點就可以了。

鋒利物品不要
放在一起。

刀刃等鋒利物品

間隙很容易
藏汙垢。

湯匙
叉子

玻璃杯
不要放在一起。

如果只有少量要
洗，就直接把洗
精沾到海綿上

報紙

破布

一開始先將油汙擦掉，
就很容易清洗了。

餐具的外面、底
部內側也不要忘
記清洗。

154

●廚房用洗劑與道具的使用法

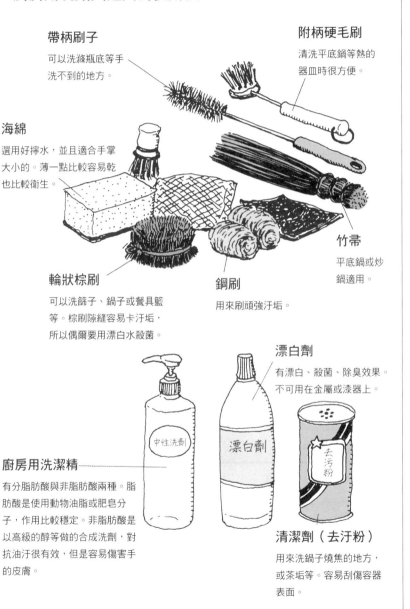

帶柄刷子

可以洗滌瓶底等手洗不到的地方。

附柄硬毛刷

清洗平底鍋等熱的器皿時很方便。

海綿

選用好擰水，並且適合手掌大小的。薄一點比較容易乾也比較衛生。

竹帚

平底鍋或炒鍋適用。

輪狀棕刷

可以洗篩子、鍋子或餐具籃等。棕刷隙縫容易卡汙垢，所以偶爾要用漂白水殺菌。

鋼刷

用來刷頑強汙垢。

漂白劑

有漂白、殺菌、除臭效果。不可用在金屬或漆器上。

中性洗劑

漂白劑

去污粉

廚房用洗潔精

有分脂肪酸與非脂肪酸兩種。脂肪酸是使用動物油脂或肥皂分子，作用比較穩定。非脂肪酸是以高級的醇等做的合成洗劑，對抗油汙很有效，但是容易傷害手的皮膚。

清潔劑（去汙粉）

用來洗鍋子燒焦的地方，或茶垢等。容易刮傷容器表面。

各種類的聰明清洗法

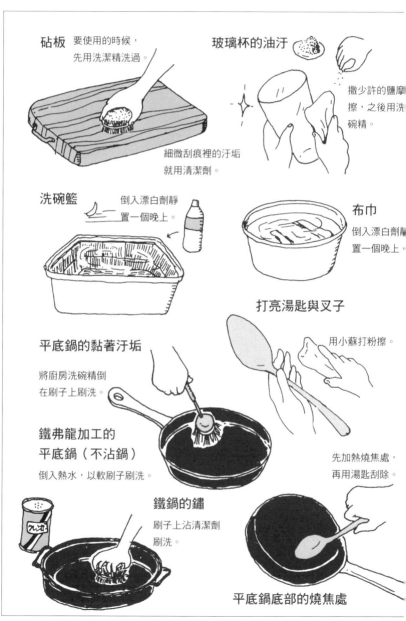

砧板　要使用的時候，
先用洗潔精洗過。

細微刮痕裡的汙垢
就用清潔劑。

玻璃杯的油汙

撒少許的鹽摩
擦，之後用洗
碗精。

洗碗籃　倒入漂白劑靜
置一個晚上。

布巾

倒入漂白劑靜
置一個晚上。

打亮湯匙與叉子

用小蘇打粉擦。

平底鍋的黏著汙垢

將廚房洗碗精倒
在刷子上刷洗。

鐵弗龍加工的
平底鍋（不沾鍋）

倒入熱水，以軟刷子刷洗。

鐵鍋的鏽

刷子上沾清潔劑
刷洗。

先加熱燒焦處，
再用湯匙刮除。

平底鍋底部的燒焦處

研磨器

用牙刷清。

烤網的燒焦處

先用火烤除落，
待冷卻後以刷子
沾清潔劑刷洗。

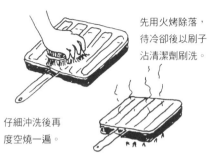

仔細沖洗後再
度空燒一遍。

水壺的油汙

倒入漂白劑跟洗碗
精放置一晚。拿沐
浴用香皂來擦洗。

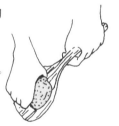

瀝油器上黏濁的油垢

酒精與洗碗精等量倒入熱水
中，放置一個晚上。

木製飯匙的
黑色汙垢

用清潔劑刷。

使用洗潔精或漂白水之後，一
定要徹底沖洗乾淨。

竹篩子汙垢　用清潔劑刷。

塑膠容器的黏著汙垢

在稀釋的漂白
水裡泡一晚。

157

垃圾——丟棄法與禮儀

你是怎麼丟垃圾的呢？可能什麼都不想，只是扔進垃圾桶裡，但是只要每次稍加留意，就能夠減少垃圾了。

● 丟棄垃圾的基本

①乾淨的。
②安全的。
③小的。
④遵守秩序。

紙箱要折疊縮小。

● 可燃垃圾

跟廚餘一樣，可燃垃圾的丟棄重點，在於消除水分。

油是可燃垃圾

破布或報紙

報紙

空牛奶紙盒

廚餘的水分也要確實瀝乾。

咖啡渣可以除臭。

廚餘桶的底部要鋪報紙。

埋在院子裡時

蓋上蓋子就行了

●罐、玻璃瓶、塑膠等
不可燃垃圾丟棄方法的重點

①沖洗後再丟。

②危險的垃圾，要用看得到內部的袋子裝，或
　是在外面寫上內容，以免回收人員受傷。刀
　刃或尖銳物品要用膠帶捲一捲。

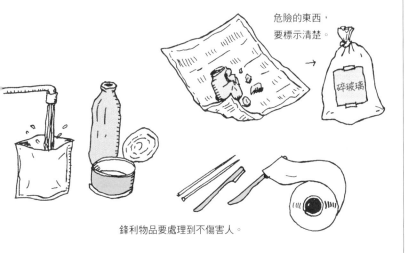

危險的東西，
要標示清楚。

碎玻璃

鋒利物品要處理到不傷害人。

噴霧罐要開一個洞。

③防止噴霧瓶爆開，要先將內容物用完，
　再鑿一個洞釋出剩餘的氣體。

④能夠縮小的東西，一定要縮小體積再丟。

⑤可燃與不可燃垃圾混合的情形下，能分開
　的盡量分開，沒辦法分的話，就都當作不
　可燃處理。

中間先放空。

分類垃圾的丟棄法

每個人住的區域不同，垃圾的分類法與丟棄法就會因此不同。有些要依所裝垃圾多寡花錢買垃圾袋，有些要依規定的時間地點丟棄。垃圾的分類法，也有分得仔細的與粗略的差異。如果不清楚的話，就去該地的鄉鎮市公所詢問。

●垃圾分類的基準

①可燃垃圾
　廚餘、紙類、塑膠等。

②不可燃垃圾（掩埋垃圾）
　玻璃、陶器、金屬等。

③有害垃圾
　乾電池、體溫計、鏡子、燈管、打火機、刀刃類、噴霧罐、電燈泡等。含水銀的東西、有爆炸危險的東西、會使人受傷的東西。

④資源回收垃圾
　報紙、紙箱、雜誌、紙類、玻璃瓶（取下瓶蓋）、鐵鋁罐、服飾等。

⑤大型垃圾
　桌子、櫃子、冰箱等大型物品。許多區域都需要個別提出回收申請，有些則需要收費。

⑥回收品
　有些區域也會回收食品盒、空瓶、空罐、牛奶盒等。都要洗淨才能丟棄。

- 被歸為可燃垃圾的廚餘與塑膠製品，在有些地區是必須分開回收的，這一點要注意。

衣
生活圖鑑

－純熟地表現自我吧！

你穿衣服是為了什麼？

「保護身體」「流行」「因為沒有穿衣服很丟臉⋯⋯」。沒錯，衣服有許多的功用。保護身體、維持清潔，甚至依男女或職業來表現身分，而且隨時代的不同，服裝也扮演著各種角色。

例如在戰爭時期，為了當作區別敵我的標記，而出現了制服。還有在封建時代，為了迎合男性喜愛的纖腰，女性將束腹這種道具勉強地綁在自己身上。也曾有過連小孩都必須穿上這樣的服裝而妨礙成長的時代。而專為孩子設計的服裝，其實是最近的事。

服裝有這麼長的歷史，那麼現在又是如何？

好不容易來到這樣的時代，男女可以不受性別約束，而選擇自己喜歡的顏色及款式，也能夠自由地表現自我。既然如此，如果自己身上穿的都交由別人打理，那就太可惜了。

「想要穿那個」的想法，跟每次都把最流行的東西往身上穿，你不覺得這兩者之間不太一樣嗎？

正因為衣服種類多不勝數，所以知道自己真正適合什麼衣服，擁有各種材質的知識，靠自己的選擇方法，買到並能自己保有⋯⋯這些都非常重要。不要被衣服耍得團團轉，當「衣服的主人」，嫻熟地表現自我吧。

當然，這並不是一開始就做得到的，只要留心哪些是自己能做的、不能做的⋯⋯。這就是新的開始。

那麼，我們就來踏出「衣」事自主的第一步吧！

洗滌

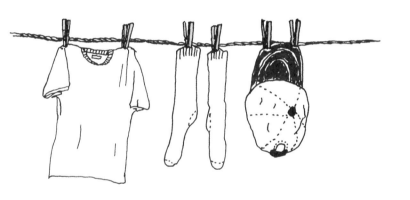

亮晶晶的襯衫、筆挺的西裝、一塵不染的襪子都令人感到舒適。可是，如果是自己要洗，那可就很麻煩了……，應該有人會這麼想吧。

就算是「洗衣白痴」的你，也不要煩惱了。只要能掌握訣竅，洗衣不過就是小事一樁。來吧，邊哼歌邊開始囉。♬～

洗衣——去汙與原理

衣服的髒汙，是由汗水、體脂肪、身體的汙垢、灰塵、泥土、細菌、滴落的食物等等，各種汙染混合在一起。這些髒汙如果放置不管，就逐漸產生化學變化，變成難以清洗的「頑垢」。如何在頑垢出現之前先洗乾淨，就是洗衣服的訣竅。

● 洗衣的原理

● 三種同時作用

洗去能溶於水的汙垢。
但是油汙是洗不掉的。

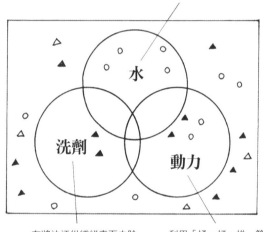

○能溶於水的汙垢
　砂糖、食鹽、血液等。
△無法溶於水的有機物質
　體脂、蛋白質、蛋白、
　醣分、顏料等。
▲無法溶於水的無機物質
　水泥、泥、鐵鏽等。

有將油汙從纖維表面去除的作用。（介面活性劑）剝落的汙垢會被洗劑分子包住，以免再度附著。

利用「揉、打、推」等力道，讓洗液能通過纖維之間，幫助汙垢脫落。

● 汙垢是「酸性」？

衣物上的汙垢，含有身體分泌出的皮脂等脂肪酸，呈「弱酸性」。此時使用弱鹼性的洗滌液，對於去除汙垢很有效果。可是，不耐鹼性的醋酸纖維、毛料、絲則須使用中性洗劑。

● 洗劑的擅長、不擅長

肥皂粉
○汙泥。
○脂肪垢。
○淡色衣服。

洗衣精
○易溶於水，適用全自動洗衣機。

洗衣粉
○加入酵素，所以適合清洗脂垢、蛋白質汙垢。
×因為添加了螢光劑與漂白劑，所以淺色或原色服裝很容易變色。
△添加LAS（烷基苯磺酸鈉）或POEP（介面活性劑）等，也有人認為對人體及環境有不好的影響。

● 洗劑的性質

	原　　料	介面活性劑	液　　性	易　溶　度	洗　淨　力
肥　皂	動、植物油脂	脂肪酸鈉（石鹼）	弱鹼性	低溫下不易溶解	在高溫（熱水）下很好
合成洗劑	石油、油脂	直鏈烷基苯、磺酸鹽等	中性（依加入成分不同，會變成鹼性或酸性）	易溶	低溫也可以

1	2	3	4	5	6	7	8	9	10	11	12	──── 酸鹼度（PH）
酸性		弱酸性			中性			弱鹼性		鹼性		──── 液體性質

醋酸纖維、毛、絹遇鹼會收縮，所以適用中性洗劑。

體脂、油汙等適用。

手洗——基本與重點

說到洗衣服，是不是就想到洗衣機呢？可是用手洗，也有許多不需要洗劑，就能洗得很乾淨的衣物哦。仔細看看洗衣標示，試試自己來挑戰手洗吧。

●基本手洗法

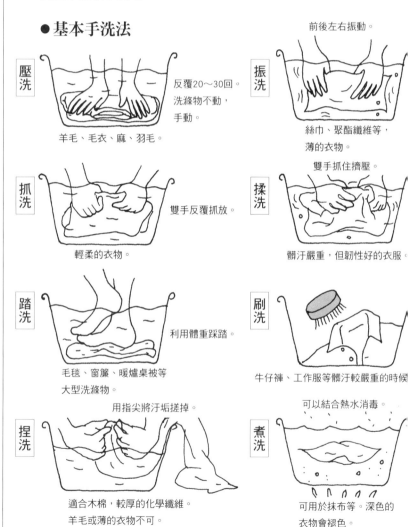

壓洗
反覆20～30回。
洗滌物不動，
手動。
羊毛、毛衣、麻、羽毛。

振洗
前後左右振動。
絲巾、聚酯纖維等，
薄的衣物。

抓洗
雙手反覆抓放。
輕柔的衣物。

揉洗
雙手抓住擠壓。
髒汙嚴重，但韌性好的衣服。

踏洗
利用體重踩踏。
毛毯、窗簾、暖爐桌被等
大型洗滌物。

刷洗
牛仔褲、工作服等髒汙較嚴重的時候。

捏洗
用指尖將汙垢搓掉。
適合木棉，較厚的化學纖維。
羊毛或薄的衣物不可。

煮洗
可以結合熱水消毒。
可用於抹布等。深色的
衣物會褪色。

●試著做做看

超簡單手洗，泡澡時就能洗襪子。
第一步就是將自己每天穿的襪子用手洗看看。

①不脫襪子進到浴
　室裡。
②熱水沖洗全身，
　襪子也要全溼。
③用肥皂刷一刷。

④脫下襪子泡在裝了熱水的
　臉盆裡。

也能消除腳臭味。

⑤洗澡。
　接著仔細刷洗襪子。
⑥最後滴1～2滴醋
　就大功告成。
⑦充分擰乾。
　晾的時候鬆緊帶
　要在上面。

手洗禁忌篇

×毛、絲、醋酸纖維要用
　35度左右的溫水洗，如
　果太熱就會縮水。
×薄的衣物不要用力搓揉。
×羊毛只要搓揉就會縮水。
×麻一經搓揉就會起毛球。

如果鬆緊帶在下面
就容易失去彈性。

洗衣機——洗衣的訣竅

雖然說到洗衣，就認為洗衣機幫了我們很大的忙，但如果連基本的常識都不瞭解，那麼就可惜了。現在，就來練習如何純熟的運用洗衣機吧。

其1 欲速則不達。
洗衣服前，要依下列基準來仔細分類。

①髒汙嚴重的衣物，先整理在一起另外洗，或者事先清洗髒汙嚴重的部分。

髒汙用肥皂搓掉。

②看標示，容易褪色的衣物要單獨洗。（參閱第170頁）

③質地纖細的物品。
（內衣、絲襪）

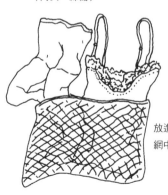

放進洗衣網中。

其2 不可以放太滿！

不要硬塞衣物，輕輕放入衣服，直到注水線之前。

其3 衣服內外側分類。

- ●沾汙泥的正面洗滌。
- ●容易受損的質料就翻成反面洗滌。
- ●容易沾東西的也反面洗滌。
- ●鈕子扣好，拉鍊要拉上。

翻到反面。

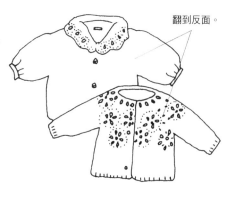

其4 小心別倒太多洗劑。

你知道自己使用的洗衣機水量嗎？試著測量一次吧。用大桶子當計算水量的量杯，看看共會測得幾杯。

只要測量過一次水量，接著就是看洗劑標示上的對應水量，就會立刻知道洗劑的用量了。

其5 洗劑溶化後，再放入衣物。

按照洗劑→水→衣物的順序放入。

其6 脫水不要過頭。

木棉　1分鐘。
毛　30秒。
化學纖維15秒為準。

如果皺了，就再水洗一下晾乾。

防止褪色與漂白的方法

「喜愛的白色短袖襯衫染到顏色了」「顏色褪色或消失了」……
為了不要發生上列的慘事，該怎麼做呢？

●防止褪色的訣竅

要點①
注意標示。如果標示要另
外洗，那就另外洗。

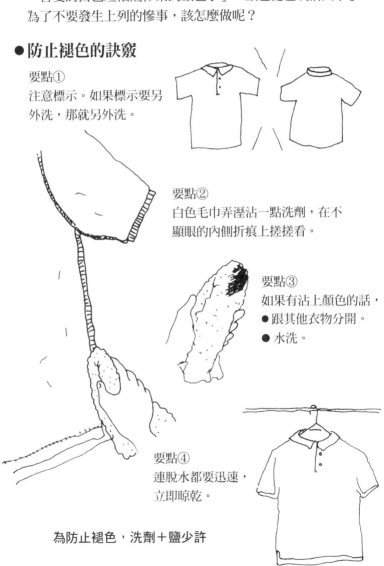

要點②
白色毛巾弄溼沾一點洗劑，在不
顯眼的內側折痕上搓搓看。

要點③
如果有沾上顏色的話，
●跟其他衣物分開。
●水洗。

要點④
連脫水都要迅速，
立即晾乾。

為防止褪色，洗劑＋鹽少許

● 漂白的訣竅

要點① 依據頑垢、黃變的程度，配合衣物使用漂白劑。

氧化型……將汙染的色素氧化脫色。

還原型……將汙染的色素還原脫色。

● 衣物漂白劑的種類與使用方法

	氧	化 型	還 原 型
	氯系漂白劑 （次氯酸鈉）	氧系漂白劑 （重碳酸鈉）	還原系漂白劑 （二氧化硫尿素） （次亞硫酸鈉）
特點	漂白力最強	深色、花色衣物也可以使用	能恢復因鐵分或氯系漂白劑引起的黃變
可使用	● 白色衣物 質料是麻、棉、丙烯、聚酯、人造纖維	● 白色、深色、花色衣物材質為棉、麻、化纖等在衣服內側測試不會變化的衣物	● 只有白色衣物 材質是所有的纖維
不可使用	● 深色、花色衣物 質料為毛、絲、尼龍、醋酸纖維、聚氨酯 ● 金屬鈕扣等 ● 鐵分含量多的水	● 毛、絲與其混紡品 ● 金屬鈕扣等 ● 鐵分含量多的水 ● 會因為水或洗劑而褪色的衣物	● 不能水洗的衣物 ● 深色、花色衣物 ● 金屬鈕扣等
使用方法	溫度 時間 注意	水或溫水 浸泡30分鐘左右 原液不要碰到衣物或皮膚	熱水（35～45度） 30分鐘～2小時內 要充分溶解後再浸泡衣物	熱水（40～45度） 浸泡15～30分鐘左右 要充分溶解後再浸泡衣物

因為會根據產品不同而有所差異，所以一定要確認標示。

要點② 先洗淨髒汙，最後才漂白。

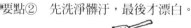

①先用洗劑將髒汙去除。
螢光劑會讓漂白水喪失效果。

②最後清洗時，再加入漂白水。
要確認使用方法，並在使用後充分洗淨衣物。

上漿與柔軟精的使用法

上漿與柔軟精並不是非用不可的東西。但是，只要明白目的與使用訣竅，那麼想要讓衣服筆挺，或是想防止討厭的靜電時，就可以臨機應變使用了。

● 上漿的五個目的

①讓質料更有彈性。　②增添光澤。　③讓衣服更挺。
④汙垢容易去除。　⑤不容易皺。

● 依種類分別使用。

澱粉漿

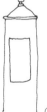

連織品中心都能變得堅固，
看起來會很筆挺。
○白布。
×深色衣服會因為
　漿而變白。
×容易發霉，有蟲
　臭味。

將襯衫反過來
晾，衣領反而
會更挺直。

化學漿

只能幫衣料的
表面變硬。
○保留觸感。
○深色的衣物
　也可以。
○防蟲、防
　霉。

噴霧式

スタ子

○部分才上漿。

● 使用時遵守使用基準。

　漿並不是越濃就越好，要依照使用說明來溶解，揉進衣服裡。要弄乾的時候要輕輕脫水。

● 噴霧漿一點一點少量使用。

　一次不要噴太多。每次噴一點，乾掉後再噴。

● 討厭的劈哩啪啦，原來是靜電

在空氣較乾燥的季節裡，衣服上也有因為摩擦而產生並容易積存的電。這些無處可去的帶電離子，要逃離衣服的時候，如果速度太快就會劈哩啪啦作響了。

容易積存在化學纖維中。

● 為了預防靜電，除溼性要高。

纖維中含有水分的話，電會更容易傳遞。如果結合物質，那麼就能預防靜電。有這種作用的，是衣物柔軟精跟防靜電噴霧。

● 柔軟精與洗衣精要分開放入。

洗衣後，充分清洗，然後每30公升的水放入20毫升柔軟精，攪拌3分鐘。

跟洗衣精一起放的效果為零。

● 防靜電噴霧使用於乾衣服上。

距離20公分左右平均地噴灑。如果有噴漬洗了就會掉。但只要拿去清洗，效果就會消失。

晾乾後噴。

晾乾——基本作法與訣竅

你是不是覺得怎樣晾衣服都是一樣的？可是，光是晾法的不同，就會讓乾燥的方式，以及隨後的處理有很大的改變。討厭使用熨斗的人，更是該好好記住晾衣服的訣竅。

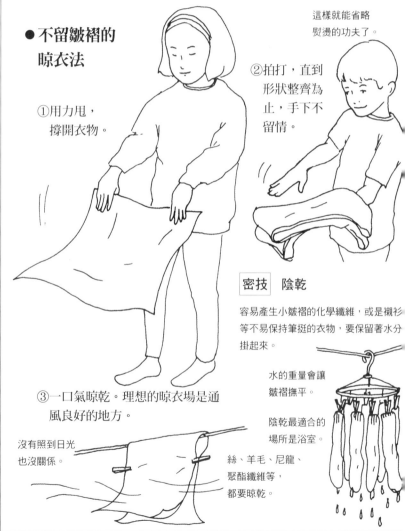

● 不留皺褶的晾衣法

①用力甩，撐開衣物。

②拍打，直到形狀整齊為止，手下不留情。

這樣就能省略熨燙的功夫了。

③一口氣晾乾。理想的晾衣場是通風良好的地方。

沒有照到日光也沒關係。

| 密技 | 陰乾 |

容易產生小皺褶的化學纖維，或是襯衫等不易保持筆挺的衣物，要保留著水分掛起來。

水的重量會讓皺褶撫平。

陰乾最適合的場所是浴室。

絲、羊毛、尼龍、聚酯纖維等，都要晾乾。

● 快點乾的訣竅

①化學纖維（聚酯等）與天然纖維（絲、羊毛等）要分開晾乾。

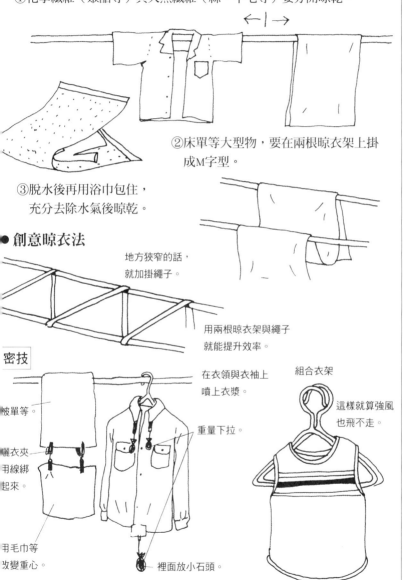

←|→

②床單等大型物，要在兩根晾衣架上掛成M字型。

③脫水後再用浴巾包住，充分去除水氣後晾乾。

● 創意晾衣法

地方狹窄的話，就加掛繩子。

用兩根晾衣架與繩子就能提升效率。

密技

被單等。

曬衣夾用線綁起來。

用毛巾等改變重心。

在衣領與衣袖上噴上衣漿。

重量下拉。

裡面放小石頭。

組合衣架

這樣就算強風也飛不走。

175

熨燙——基本與訣竅

你似乎對燙衣物很不拿手，其實我也一樣。本來打算燙平皺褶的反而燙了很多新的皺褶出來。防止失敗的訣竅，就讓我們來問問洗衣店的老闆吧。

● 熟練熨燙的三個重點

①溫度　要配合熨燙衣物上的標示。如果覆上隔墊布，那麼就會低30～50度左右。最重要的就是溫度。

②壓力　溫度適當的話，即使小力熨燙也沒問題。放鬆肩膀的力道，好像在握生雞蛋一樣，輕輕握住熨斗是訣竅。

③溼氣　全部均勻地傳遞。

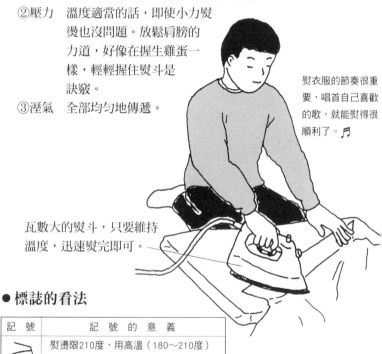

熨衣服的節奏很重要，唱首自己喜歡的歌，就能熨得很順利了。♬

瓦數大的熨斗，只要維持溫度，迅速熨完即可。

● 標誌的看法

記　號	記　號　的　意　義
高	熨燙限210度，用高溫（180～210度）熨燙最佳。
中	熨燙限160度，以中溫（140～160度）熨燙最佳。
低	熨燙限120度，以低溫（80～120度）熨燙最佳。

● 溫度標準

麻、棉　180～200度

絲、羊毛　120～150度

化學纖維　120～150度

氯乙烯　120～130度

● 熟練熨燙的七個訣竅

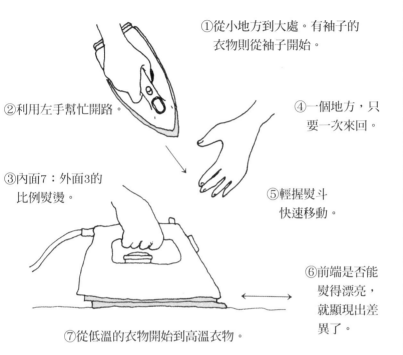

①從小地方到大處。有袖子的
衣物則從袖子開始。

②利用左手幫忙開路。

④一個地方，只
要一次來回。

③內面7：外面3的
比例熨燙。

⑤輕握熨斗
快速移動。

⑥前端是否能
熨得漂亮，
就顯現出差
異了。

⑦從低溫的衣物開始到高溫衣物。

● 蒸氣與乾熨的使用分別

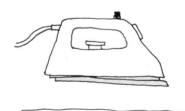

蒸氣

毛料、編織物等。輕輕地撫過去
並用蒸氣熨。要熨摺痕的話，要
隔墊布熨。

乾熨

棉、混紡、麻等。已經乾燥的衣
服表面要全部都熨到沒有水氣。

177

試著洗洗看自己的隨身衣物吧。從洗的方式、晾乾方式，還有熨燙的方式，盡可能掌握簡單又俐落的方法完成。那麼，我們就從手帕開始練習吧！

●簡單的全套工作

①用洗衣網裝著丟進洗衣機。如果有汙漬的話，就先用液體洗劑清洗。

②和緩地脫水。

④摺成四折或八折，用夾子晾乾。

③直的摺成四折，仔細拍打。

⑤摺好的樣子，用熨斗燙。

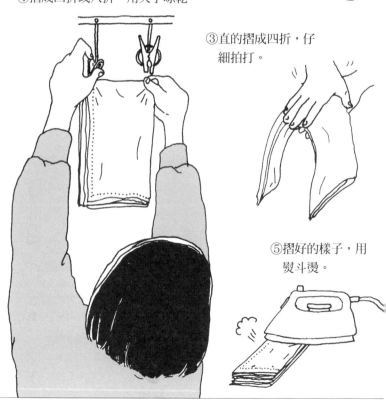

● 熨衣物的訣竅與創意

其1 | 要熨燙得沒有皺褶的訣竅，是從中央開始橫向上下移動。
手帕邊緣也是橫向移動。

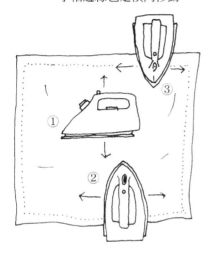

加速

從大手帕至小手帕逐漸重疊，從上面開始一條一條燙。下方因為已經重複熨過，只要將剩下沒熨到部分弄好就行了。

其2 | 從中央熨到對角線。

找出自己做起來最方便的方式！

其3 | 上點噴霧漿。

絲或者是有繡蕾絲的手帕，要泡在溶了中性洗衣精的30度溫水中按洗。然後上一點漿，就會很挺直漂亮了。

只要貼身衣物還必須讓別人洗，不管裝得再了不起，就是不能獨當一面。至少自己的內衣要自己洗，這才是獨立的第一步……，你不認為嗎？

● **女用**　有鋼圈或蕾絲的，盡可能用手洗。

如果要使用洗衣機的話，一定要放入洗衣網內。

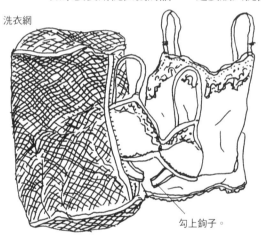

洗衣網

①放入洗衣機的洗滌時間為
3～5分鐘。
脫水10秒。

蕾絲或絲綢的部分摺進內側。用周圍的布料包住。

勾上鉤子。

②**手洗**　洗澡時清洗很簡單。

合起罩杯，包括肩帶或鉤子一起放入，以免纏在一起。

中性洗劑

30度左右的溫水。

抓洗

晾乾法

①直放，兩邊稍微拉一下，整裡出形狀。
②有罩杯的衣物，要將罩杯調整好之後，再晾乾。
③陰乾。

血液的汙漬用水清洗，再用肥皂或加了酵素的洗劑浸泡一下再洗。

● 男用 體脂分泌旺盛的男生，內衣就算洗過之後，脂肪成分也還是會殘留，因此容易變黃。特別是背部比起其他部位體脂分泌更為旺盛，所以要好好清洗。

● 體脂會溶於體溫左右的溫度下，所以用洗澡剩下的溫水洗，就容易洗乾淨。

● 棉質T恤、內衣的腋下與背部都容易變黃。

①洗衣機清洗
用中性洗劑正常清洗。有時要加入氯系漂白劑清洗。

● 黃變或汙漬的地方，可以泡在加了氯系漂白劑的40度左右溫水中，靜置30分鐘～1小時。之後就像平常一樣用洗劑洗滌即可。

● 不需要熨燙。

②手洗
洗澡時用肥皂來洗。

晾乾法
疊好用力拍打，然後整理出形狀，晾乾。

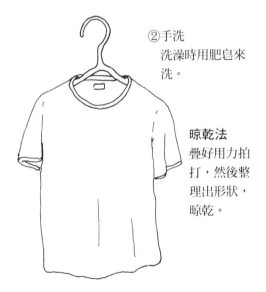

● 衣架要從下方放進去。在潮溼狀態下拉開領口放衣架的話，容易乾了以後變鬆弛。

身為女孩子，一定會擁有幾件短上衣。有沒有自己洗過呢？追求流行只穿過幾回就沒再穿的衣服，如果只拿一些出來洗，也能夠很愉快地再度穿上。至於每一種的作法，就來瞭解一下吧。

●部分清洗法

只是穿一下下，但每回都要洗的話，很快衣服就會沒有型了，是不是很傷腦筋？這時候，只穿1次還不太髒的衣服，就用部分清洗的方式來處理。

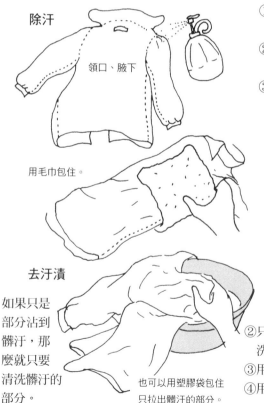

除汗

領口、腋下

用毛巾包住。

去汙漬

如果只是部分沾到髒汙，那麼就只要清洗髒汙的部分。

也可以用塑膠袋包住只拉出髒汙的部分。

①脫掉後馬上翻到內面。
②在領口、腋下部分噴霧。
③汗漬軟化後，用乾毛巾上下夾住拍打。

除了絲、羊毛、人造絲以外，這樣處理就可以了。

①在1杯水中加入2～3滴的液體中性洗劑當作洗滌液。
②只將沾上汙漬的部分放入洗滌液中，用刷子刷洗。
③用水清洗。
④用毛巾包覆去除水氣。

● 洗衣機清洗

①一定要放洗衣網。

不要破壞鈕扣的方法

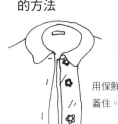

鍍金或有裝飾的漂亮鈕扣。

用保鮮膜蓋住。

連同保鮮膜扣上鈕扣。

②放入洗衣機清洗，然後小力脫水。

聚酯、丙烯、尼龍等化學纖維15～20秒，
棉1～2分鐘，醋酸纖維5～10秒。
這是不會留下小皺褶的重點。

有荷葉邊或蕾絲的衣物，
要翻面後放進洗衣袋中。

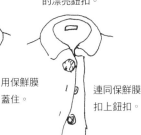

③要用衣架晾起時，先用毛巾包住衣架，就不會破壞衣服版型。

● 熨衣服的訣竅

只要能晾得好，那麼只熨部分就很足夠了。

荷葉邊的部分，用熨斗的前端來熨是重點。

尼龍荷葉邊用中溫以下熨。

前端要俐落地熨上去。

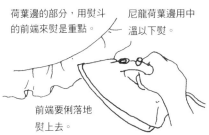

較難熨的鈕扣周圍，要從內面鋪上毛巾來熨。

用毛巾包住。

183

男性最基本的穿著，就是純白襯衫了。這點即使長大都不會變。
包括如何熟練熨燙的訣竅，我們都一起來聽聽專家的說法吧。

●用洗衣機清洗的訣竅

①將垃圾從口袋取出。（如果爸爸胸前的口袋是黃色的，
　那就是香菸。香菸粉會造成黃色的汙漬。）

②領口、袖口等容易沾上汙垢的地方，先用牙刷刷上一點洗劑，
　放置1分鐘。

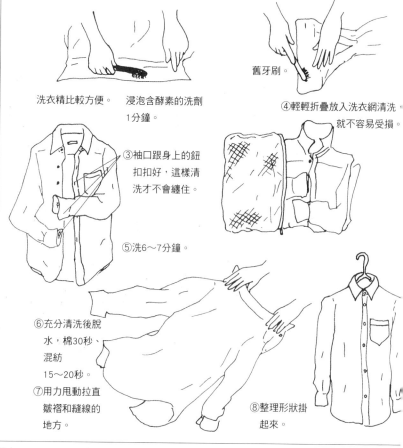

洗衣精比較方便。　浸泡含酵素的洗劑
　　　　　　　　　1分鐘。

舊牙刷。

③袖口跟身上的鈕
　扣扣好，這樣清
　洗才不會纏住。

④輕輕折疊放入洗衣網清洗
　就不容易受損。

⑤洗6～7分鐘。

⑥充分清洗後脫
　水，棉30秒、
　混紡
　15～20秒。

⑦用力甩動拉直
　皺褶和縫線的
　地方。

⑧整理形狀掛
　起來。

184

●熨燙的訣竅

在熨衣台（燙馬）上一邊熨一邊疊好是訣竅。

①依袖口、內面、
外面的順序熨。
比例是內7：
外3。

在表面
上漿。

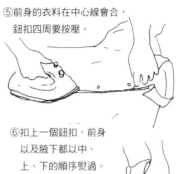

②鈕扣和鈕扣孔重疊握住，輕拉袖
子後，袖口的摺痕就會出現。用
熨斗壓住摺痕，重疊後內面也要
壓住。兩邊袖子都如此做。

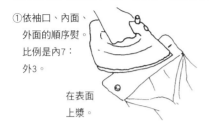

③領口的比例也是內7：外3。

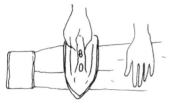

④從內面
熨整個
背部。

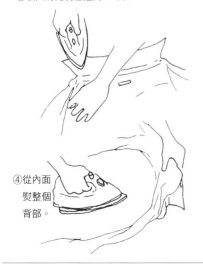

⑤前身的衣料在中心線會合，
鈕扣四周要按壓。

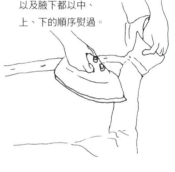

⑥扣上一個鈕扣，前身
以及腋下都以中、
上、下的順序熨過。

⑦整理領子，扣上第
一顆鈕扣，反摺，
袖子藏進去。

全部噴霧。領子、袖口的地
方噴霧上漿後加以熨燙，這
樣就會非常筆挺了。

185

你也許會擔心，如果自己洗毛衣的話，似乎會縮水……。可是，依質料的不同，也有能在洗衣機中簡單清洗的毛衣。這麼一來，就算弄髒也可以安心了。

● 直接放進洗衣機清洗

只要含有50％以上的聚酯纖維，那麼就沒問題了。如果是波西米亞、安哥拉羊毛等100％毛織品的話，那可就要等等啦。

①一定要放洗衣網。

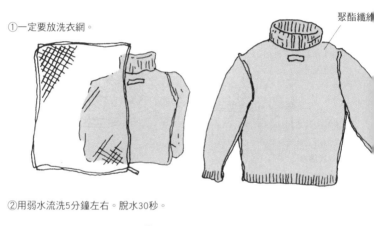

聚酯纖維

②用弱水流洗5分鐘左右。脫水30秒。

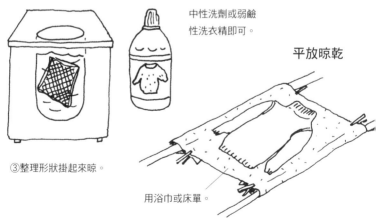

中性洗劑或弱鹼性洗衣精即可。

平放晾乾

③整理形狀掛起來晾。

用浴巾或床單。

● 手洗 挑戰羊毛衣

羊毛的特質

羊毛的表面有鱗狀物，這些鱗狀物放在水裡搓揉，就會糾結在一起導致縮水。

無法抵抗鹼性。如果直射日光，或使用氯系漂白水就會變黃。

①先畫下原大小的形狀。
②疊起時，容易髒汙的前身要置於上方。放入洗衣袋。

③壓洗20～30回。

④清洗前先脫水。20～30秒。
⑤清洗要用溫水輕壓沖洗。大概要換2次溫水。
⑥脫水30秒。

⑦整理形狀。
要用力拉直，如果縮水的時候，要重疊在紙型上拉。晾乾。

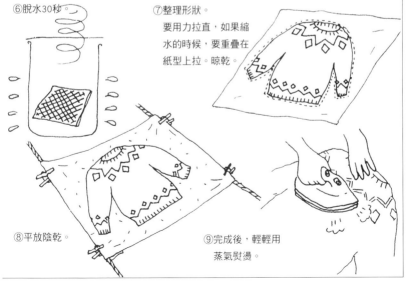

⑧平放陰乾。

⑨完成後，輕輕用蒸氣熨燙。

男生就不必說了，就算是女生也應該有好幾條長褲。除了100%毛料之外，都可以用洗衣機清洗。如果再知道一點點小祕訣，那麼就簡單多了。

●棉、混紡長褲的洗滌

①檢查口袋。

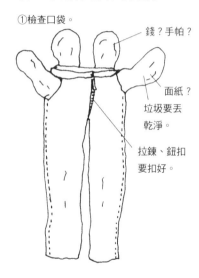

錢？手帕？

面紙？
垃圾要丟
乾淨。

拉鍊、鈕扣
要扣好。

②先去除部分汙漬。泥汙
要在弄溼之前用刷子清
理掉。接著沾上家庭用
洗劑後拍打。

其他的髒汙，
用洗衣精去除。

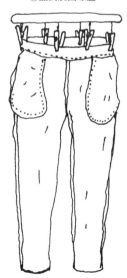

④翻到反面晾起。

③髒汙的部分面對外側疊起，放入
洗衣網。洗滌與清洗如平常一
樣。脫水30秒。要仔細拍打拉直
皺褶。

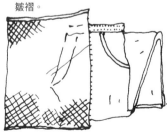

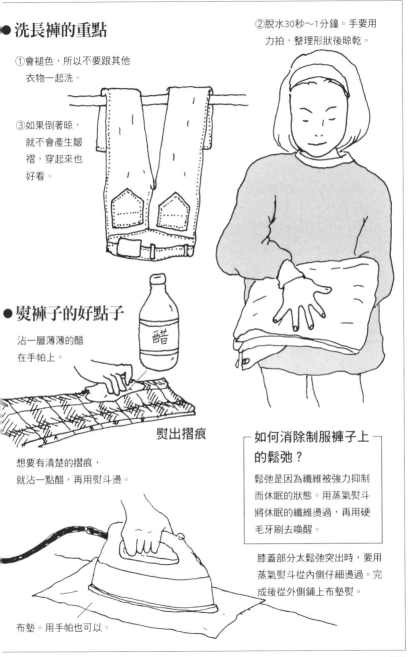

● 洗長褲的重點

①會褪色，所以不要跟其他衣物一起洗。

③如果倒著晾，就不會產生皺褶，穿起來也好看。

②脫水30秒～1分鐘。手要用力拍，整理形狀後晾乾。

● 熨褲子的好點子

沾一層薄薄的醋在手帕上。

醋

熨出摺痕

想要有清楚的摺痕，就沾一點醋，再用熨斗燙。

布墊。用手帕也可以。

┌ 如何消除制服褲子上的鬆弛？ ┐

鬆弛是因為纖維被強力抑制而休眠的狀態。用蒸氣熨斗將休眠的纖維燙過，再用硬毛牙刷去喚醒。

膝蓋部分太鬆弛突出時，要用蒸氣熨斗從內側仔細燙過。完成後從外側鋪上布墊熨。

有洗過平日在穿的裙子嗎？如果是棉或聚酯纖維，那麼放進洗衣機洗就可以了。如果是羊毛，即使麻煩也都要用手洗。而且你會很驚訝地發現，連乾洗店沒幫我們洗淨的汙垢，自己都能洗得掉呢。

●手洗羊毛

百褶裙是最麻煩的。只要能學會這一種，那麼其他就非常容易了。

如果裙子內襯是人造絲或銅氨纖維，就要送洗。

鈕扣、拉鍊都要扣好、拉上。

先將百褶裙一褶一褶的疊好，再用線粗縫過。

①摺成屏風狀壓洗。

羊毛用中性洗劑。

髒汙嚴重的地方用刷子拍打。

②使用脫水機的時候，要捲成筒狀，脫水10～15秒。容易起皺的地方用毛巾去除水分。

30度左右的溫水。

③翻面晾乾。

●洗衣機洗滌棉、聚酯纖維

髒汙的部分朝外放入洗衣網，大約洗5分鐘。
脫水、晾乾的方法跟手洗一樣。

●熨衣服的順序

①翻到反面，抽走暫時縫線，
　然後從裙襬朝腰部熨燙。

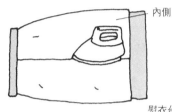

內側

②腰部要迅速地熨過去。

內側

③熨臀部的時候，使用小燙馬，可以
　熨出弧形。

外側

小燙馬

④全體熨過一遍。

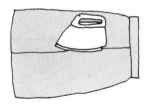

如果已經沒有
型了，那就用
蒸氣。

百褶裙的訣竅

外側

熨衣台（燙馬）

有底部被壓住
的感覺。

一次整理2、3個褶，
要從裙襬滑向腰部。

打褶裙的訣竅

表面朝上通過熨衣台，從裙襬熨到
腰部。上方的皺褶不要破壞，用熨
斗的前端滑進皺褶中央燙。

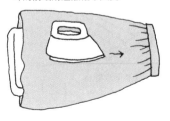

據說腳部每天流的汗，是身體其他部分的50倍。鞋子並不是只有外面會髒，連裡面也容易髒汙。來洗洗看髒掉的球鞋吧。

●帆布製、尼龍製、人工皮革製運動鞋

①抽掉鞋帶，用刷子將泥濘與灰塵刷掉。有鞋墊的話也拿掉。

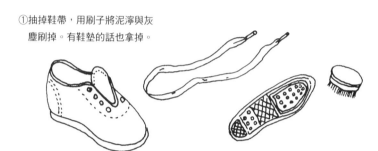

②含酵素的洗劑放入溫水中，浸泡鞋子15分鐘左右。

鞋子專用酵素洗劑

③用棕刷等刷洗。裡面也要洗到。

④清洗乾淨。

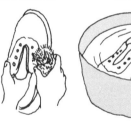

⑤腳尖朝上晾乾。晾乾後上漿，就會很挺直。

有加防水片的較不容易弄髒。

裝在洗衣網裡放進洗衣機洗也可以。放入比標示還要少的洗劑，充分清洗。脫水完畢後，整理形狀晾乾。

如果白色運動鞋洗了之後還是殘留汙垢，那就塗一點白色牙粉。

● 皮革製運動鞋

①髒汙嚴重的話，用抹布沾水
　擰乾後擦拭。

● 絨面皮革不可用水擦
　拭。要用刷子清理。
　用逆著毛的方向刷，
　就能夠清理乾淨。

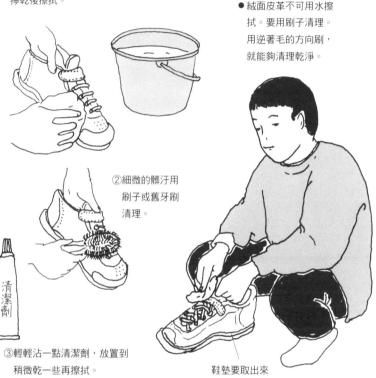

②細微的髒汙用
　刷子或舊牙刷
　清理。

清潔劑

③輕輕沾一點清潔劑，放置到
　稍微乾一些再擦拭。

鞋墊要取出來
晾在空氣中。

● 第一次穿上前

鞋油

①輕沾一點鞋油，仔細擦拭過全部的表面。
②鞋油乾了之後，噴上一點防水噴霧。

我們幾乎每天都要穿襪子。但是每天早上，還是會有人為了「少一隻襪子」而東找西找的吧？覺得每天手洗很麻煩的人，也許會丟到洗衣機清洗。其實如果能掌握訣竅，也就能洗得很乾淨了。

●用洗衣機洗襪子的訣竅

①線頭或垃圾用海綿刷一刷就很容易刷掉。

②為了不要黏上線頭，丙烯酸纖維、羊毛質料的襪子要翻過來洗。

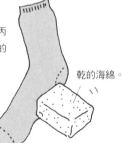

乾的海綿。

③將襪子單獨整理起來裝進洗衣網裡。

襪子內面的髒汙

棉製品以氯系浸泡，而尼龍、深色系的則放入添加酵素的氧化系漂白劑浸泡，大約1個小時後再開始清洗。

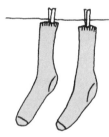

④脫水後，將鬆緊帶部位朝上晾乾，鬆緊帶就不易失去彈性。

●用洗衣機洗絲襪的訣竅

①放入洗衣網，選擇網紋較密的較好。

②洗好時加入柔軟精，就能預防靜電作用或抽絲。

③晾的時候連洗衣網一起晾較輕鬆。

● 創意洗法

將舊絲襪當成洗衣網的替代品。

放入襪子、絲襪、手帕等小物品。

抽絲或變舊的絲襪。

設計時髦的絲襪就放進瓶子裡搖一搖。

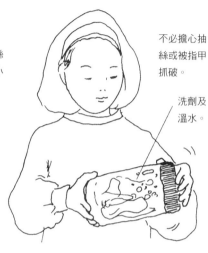

不必擔心抽絲或被指甲抓破。

洗劑及溫水。

集中去汙辦法

想要去汙的地方放入小塊肥皂後，以橡皮筋圈住。

清洗前取出，以一般的方式清洗即可。

終極去汙

放入洗劑與漂白劑的時候，大約煮5～10分鐘。煮太久的話腳踝的鬆緊帶會損壞，所以適當就好。泡在熱水裡也會有效果。

襪子除臭

將5小匙尖的硼酸，放入1公升的溫水中，充分溶解。將正常洗好的襪子，浸泡在裡面10分鐘左右後再晾乾。（硼酸在一般藥局皆可買到）

195

最喜愛的帽子、除了下雨之外就放著不管的雨傘、每天都要穿的室內拖鞋……。身邊的小物品，偶爾也要洗滌一下讓它們清爽地改頭換面吧。因為不知不覺中，它們就變得很骯髒了。

● 拖鞋

①用刷子沾些洗衣精或家用清潔劑，
　訣竅是以畫圓的方式刷。
　接著毛巾浸水擰乾後仔細擦拭。
②要用洗衣機洗時，一定要放進洗衣網中。
　脫水1分鐘。整理形狀，裡面塞紙張等，
　掛起來晾乾。

腳跟向下，面向脫水機的外側。

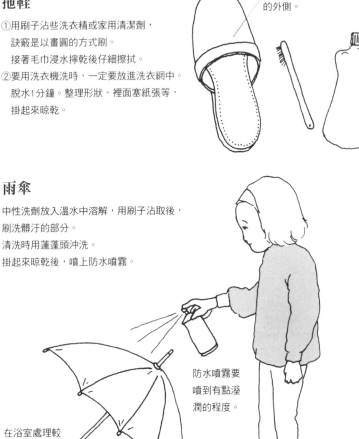

● 雨傘

中性洗劑放入溫水中溶解，用刷子沾取後，
刷洗髒汙的部分。
清洗時用蓮蓬頭沖洗。
掛起來晾乾後，噴上防水噴霧。

防水噴霧要噴到有點溼潤的程度。

在浴室處理較方便。

● 帽子（棉、聚酯纖維製）

圓洗法

①浸泡在加了洗衣精的水裡。

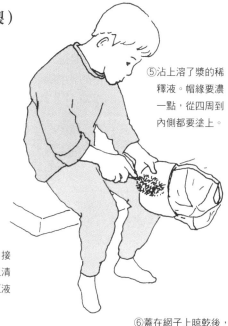

⑤沾上溶了漿的稀釋液。帽緣要濃一點，從四周到內側都要塗上。

②內側用舊牙刷或指尖刷來清理，接著依序洗外側跟帽緣。如果難以清除的髒汙，就沾用家用清潔劑的原液刷洗。

③仔細清洗。

④脫水的時候，頭頂圓形部分朝下，帽緣朝上放進洗衣機，脫水10秒。

⑥蓋在網子上晾乾後，形狀就不會崩塌了。

● 布娃娃

①將中性洗劑或洗髮精倒入溫水中溶解，以舊牙刷等沾取，順著毛刷洗。

②毛巾浸熱水後擰乾，仔細擦拭。

③置於通風良好的地方。讓毛的裡面都充分晾乾。

啊！失敗了——這時該怎麼辦？ 問與答

難得自己洗衣服了，可是卻「咦，怎麼會這樣……」每個人都可能會遇過這樣的失敗，所以不必慌張。只要學習常見的失敗與處置法，就可以了。

問 衣物上沾滿了面紙屑……。口袋裡放一包面紙，就這樣丟進洗衣機洗了，這種事是常有的。這時怎麼辦？

答 使用膠帶。去不掉的面紙屑就沾著直接晾乾，接著就用膠帶貼一貼黏下來，或用吸塵器吸除。衣服乾了之後反而比較容易去除。

問 毛衣又硬又皺。好像還起了毛球？

答 洗完時再潤絲。清洗完畢後，在水裡加入柔軟精，如果沒有就用潤髮乳。接著輕輕脫水後晾乾。

問 洗衣機長黑黑的黴菌？

答 用醋或家用洗劑清洗洗衣機。如果置之不理會讓衣物也沾上髒汙。倒入1杯醋或1瓶蓋的家用洗劑，將水放滿後轉動30分鐘。1個月大約做1次即可。

問　褲子上的鬆弛如何消除？

答　蒸氣熨斗與阿摩尼亞。首先將熨斗的蒸
　　氣充分熨上。（參閱189頁）如果還不
　　行，就在布上沾阿摩尼亞或醋，擦在光
　　禿禿的部分，再乾熨。接著靜置直到溼
　　氣消失。

譯註：褲子上的鬆弛，是指拉鍊常接觸或
　　坐著膝蓋常摩擦桌下，而使纖維失
　　去活力，因此出現光禿禿的狀態。

不會殘留阿摩尼亞臭味。

問　白色襯衫上有焦痕？

答　用雙氧水脫色。將沾有雙氧水的脫脂
　　棉，輕拍後就會變淡。日照曬乾後就
　　會變得不明顯了。

問　只有蕾絲部分
　　黃變了？

答　聚氨酯或尼龍在日光直射下會造成
　　變色或褪色。晾乾時要注意，如果
　　變黃時要用氧化系漂白劑。如果是
　　白色衣物，就浸泡在加了還原型漂
　　白劑的40度熱水裡30分鐘。用氯系
　　漂白劑也能恢復黃變的情形。

問　T恤上有一堆小皺褶。

答　用熨斗燙也很麻煩的時候，就再度
　　用足夠的水沾溼衣服，不要擰乾掛
　　起來，整理形狀後晾乾。

衣物送洗 —— 聰明的送洗法

新的質料越多，就越多種衣物沒辦法在家裡清洗。那麼就來瞭解一下送洗的標準，以及能順利應付的方式吧。

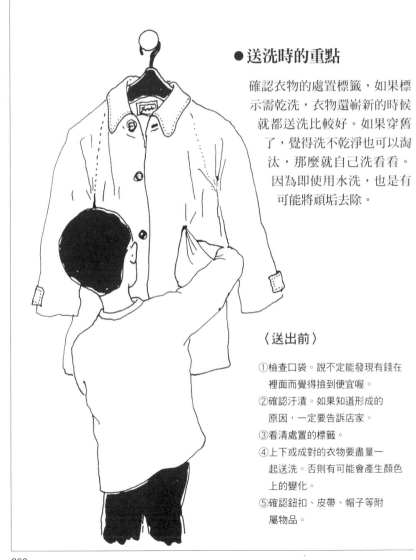

● 送洗時的重點

確認衣物的處置標籤，如果標示需乾洗，衣物還嶄新的時候就都送洗比較好。如果穿舊了，覺得洗不乾淨也可以淘汰，那麼就自己洗看看。因為即使用水洗，也是有可能將頑垢去除。

〈送出前〉

①檢查口袋。說不定能發現有錢在裡面而覺得撿到便宜喔。
②確認汙漬。如果知道形成的原因，一定要告訴店家。
③看清處置的標籤。
④上下或成對的衣物要盡量一起送洗。否則有可能會產生顏色上的變化。
⑤確認鈕扣、皮帶、帽子等附屬物品。

● 乾洗與水洗的不同

```
水洗 ─────── 洗衣店    清洗白色衣物。（襯衫、床單等）

○水溶性汙垢。
×形狀易崩塌。    溼洗    水洗即可的衣物。

乾洗                在石油系溶劑或氯系溶劑中清洗。（絲、設計類的化學纖維等）
                  在氟素系溶劑中清洗。（毛皮、和服等）
○油垢。            也有Charge法（可以同時乾洗與水洗）等。
×汗漬或水溶性
  汙垢。
```

〈取回後〉

①確認是否去除汙垢。
②確認鈕扣或附屬品。
③確認是否汙漬或變色。
④確認是否有破洞或抽線。
⑤一定要從塑膠袋中取出後保存。
　那可能是變色、發霉、變質的原因。

● 萬一有問題的話

- 要盡快聯絡洗衣店。
- 如果超過1年以上未取回，或取回後超過6個月才
  察覺的狀況，多數店家都不會願意負起責任。
- 日本有加盟全國洗衣環境衛生同業組合的店家，
  會有固定的賠償基準。
- 可以向當地消費者中心進行諮詢。

去除汙漬 —— 基本與訣竅

總是在不知不覺中發現衣服上早已經存在的汙漬。不知道怎麼回事，老是只有自己喜歡的衣服會染到。你會不會因此而覺得懊惱呢？這種時候，如果能知道去除汙漬的訣竅，那就放心多了。

● 去除汙漬的基本

判斷汙漬的種類

用洗劑或溶劑去除。

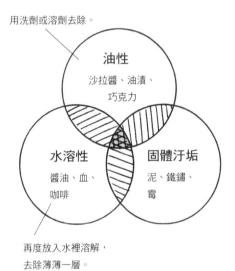

油性
沙拉醬、油漬、巧克力

水溶性
醬油、血、咖啡

固體汙垢
泥、鐵鏽、霉

再度放入水裡溶解，
去除薄薄一層。

首先，滴一點水看看。
- 汙漬的部分顏色更深時
  － 水溶性
- 沒有變化，覺得好像要擴散時－ 油性
- 其他
  汙漬的成因，也包括色素、糖分、蛋白質、酸、鐵等，可因應需要使用漂白劑等。

羊毛或絲所染上的汙漬，交給專家解決比較好。

去除汙漬的訣竅

①盡快去除。
②不要搓揉，用拍打的。
③參考處置標籤，配合質料與汙漬的去除方法。
④四周不要弄溼，以防汙漬擴散。
⑤不到最後絕不放棄。

●染上汙漬時的緊急處置

用面紙輕輕壓住，讓汙漬移到面紙上，這是最基本的。

①水溶性　面紙沾多一點水，放在汙漬上方，稀釋汙漬後
　　　　　以乾面紙壓住，移除汙漬。

②油性　以乾面紙移除
　　　　汙漬。

③黏黏的東西
　　盡量用乾面紙去除。
　　口香糖要用冰塊先冷卻。

④泥濘　小滴的話用手撥掉，
　　　　再輕輕地移除到面紙
　　　　上面。

接著等回家後，再仔細地去
除汙漬，就沒問題了。

●很方便的除汙漬工具

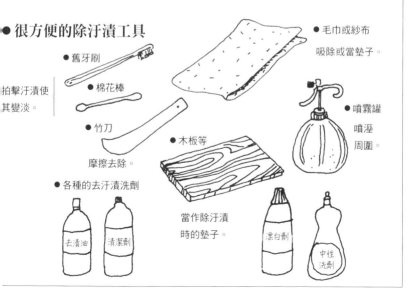

拍擊汙漬使
其變淡。

● 舊牙刷

● 棉花棒

● 竹刀

摩擦去除。

● 各種的去汙漬洗劑

去漬油　　清潔劑

● 木板等

當作除汙漬
時的墊子。

● 毛巾或紗布
吸除或當墊子。

● 噴霧罐
噴溼
周圍。

漂白劑

中性
洗劑

203

各種汙漬的去除法

一旦發現了汙漬，就以「實驗」的心情，試著挑戰如何去除汙漬吧。順序很簡單。如果能如預期般除掉汙漬，就能享受名偵探破案時的快感哦。

●基本的順序

①在汙漬下墊著毛巾或面紙。

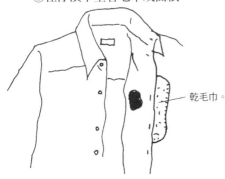

乾毛巾。

②首先，以沾了水的牙刷或棉花棒，試著拍擊汙漬的四周。

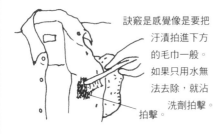

訣竅是感覺像是要把汙漬拍進下方的毛巾一般。如果只用水無法去除，就沾洗劑拍擊。
拍擊。

③如果水像是要彈開的話，那就是油性汙漬。使用藥品或洗劑，以相同的方法將汙漬拍擊出來。

④輪狀汙漬很容易殘留，所以四周也要仔細用噴霧噴溼，然後用毛巾拭除。

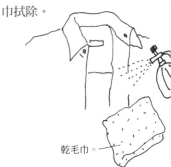

乾毛巾。

⑤慢慢地自然乾燥衣物。如果使用熨斗反而更容易形成輪狀汙漬。

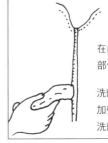

要點

為了去除汙漬而使用藥劑時，要從較弱性的開始，慢慢嘗試。

在內側等部位嘗試。

洗劑要使用無添加螢光劑的中性洗劑。

● 去除常見汙漬的方法

● 味噌湯、醬油、醬汁
　①用水輕拍。
　②已經很久的汙漬要沾洗劑輕拍。
　③白色衣物使用氯系漂白劑清洗。

● 蠟筆
　①沾汽油或酒精輕拍。
　②以家用洗劑捏洗。

● 水彩顏料
　①用水輕拍。
　②沾洗劑輕拍。
　③漂白。

● 簽字筆、原子筆
　①以汽油或酒精輕拍。
　②沾洗劑輕拍。

● 墨汁
　①用水輕拍。
　②沾洗劑輕拍。
　③漂白。

● 牛奶
　①去除蛋白質千萬不可以用熱水。
　　以冷水清洗。
　②用中性洗劑或加入酵素的洗劑輕拍。

● 咖哩
　①以廚房用洗劑拍擊。
　②漂白。

● 冰淇淋
　用水充分沾溼，以沾了
　洗劑的刷子拍擊。

● 雞蛋
　用加入酵素的洗劑輕拍。

● 果汁
　①用水輕拍。
　②沾洗劑輕拍。

③雙氧水	用脫脂綿沾取後揉捏清除。
酒精	
檸檬	

● 美乃滋
　①以汽油或酒精輕拍。
　②用家用洗劑或加入酵素的洗
　　劑輕拍。

● 番茄醬
　①用水輕拍。
　②沾加入酵素的洗劑輕拍。
　③漂白。

● 巧克力
　①沾洗劑輕拍。
　②以汽油或酒精輕拍。
　③用雙氧水輕拍或漂白。

洗淨身體——入浴的順序

最後，當然不能忘記「洗滌」自己的身體啦。身體也會因為汗水或灰塵而髒汙。有好好的泡個澡嗎？只是嘩啦嘩啦潑個水了事，可不算「洗滌」身體唷。想想該如何高明地洗個澡，以及入浴時的禮儀吧。

●泡澡的方式

①首先沖洗掉最低限度的汙垢。

用熱水沖一沖手、腳、臀部、身體全部。
洗乾淨才能泡進浴缸裡喔。

②將香皂搓出泡沫，洗臉。
耳後與髮根也要洗到。

③用毛巾沾香皂，清洗頭、身體、手臂、手、腳。
腳底和趾縫也不要忘記清洗。

④用毛巾沾水清洗身體所有沾上香皂的細
微處。

⑤用乾淨的熱水沖洗全身，沖掉香皂泡。

⑥泡進浴缸中，讓身體暖起來。

⑦擰乾毛巾擦乾身體的水氣。如果用冷水擰毛
巾或毛巾沒擰乾就擦身體，毛孔就會因此緊
縮而無法張開。

●入浴禮節

- ●不要汙染大家共用的浴池裡的水。
- ●蓮蓬頭或香皂不要濺到周遭的人。
- ●不要在浴池裡游泳或在浴場四處奔跑。

維護・整理

好不容易洗好的衣物，你是不是丟在一旁堆得跟山一樣高呢？還是全塞進衣櫃抽屜裡呢？等到打算拿出來穿時，都皺皺的了。或是找不到放在哪裡，因而一陣混亂⋯⋯。雖然心裡也明白這樣不行，可是不知不覺就這麼做了耶。其實，只要稍微用點心，就能好好跟這種失敗經驗說再見囉。

洋服的維護——每日的重點

外出時所穿的洋服，回家以後該如何處置呢？換回輕鬆的居家服後，如果立刻維護外出服的話，那麼下次要穿時，就能穿得很舒適了。可沒有必要每天每天都洗滌一番啊。

●脫下外出服後

①將口袋裡的東西拿出來。

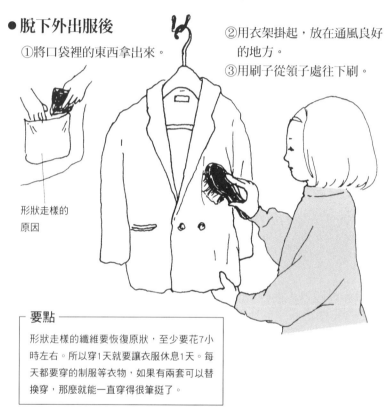

形狀走樣的
原因

②用衣架掛起，放在通風良好的地方。
③用刷子從領子處往下刷。

要點

形狀走樣的纖維要恢復原狀，至少要花7小時左右。所以穿1天就要讓衣服休息1天。每天都要穿的制服等衣物，如果有兩套可以替換穿，那麼就能一直穿得很筆挺了。

〈雨天〉

①用乾毛巾按壓溼掉的部分，去除溼氣。
②用衣架掛起來，自然乾燥。
③如果濺到泥濘，等乾掉後用刷子刷、用手揉一揉，再用吸塵器吸掉。

如果有流汗的話

①下方墊著乾毛巾，用沾水
　擰乾的毛巾在上方輕拍。

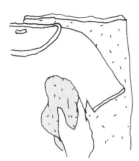

②用水噴一噴溼掉的周圍，
　再用別條乾毛巾按壓。

噴霧之後，用乾毛巾
在周圍按壓。

③掛在通風良好的地方晾乾。

● **沾上寵物毛的話**

用膠帶或有黏性的
滾筒去除。

● **出現疊痕的話**

浴缸的熱水不要放掉，讓衣服掛在浴
室裡一晚。讓衣服自然乾燥即可。

擦鞋──基本與訣竅

不管打扮得多麼時尚，只要鞋子髒了，一切就是白費功夫。正因為是每天都要穿的鞋子，所以只要稍微維護一下，就會產生很大的差異哦。

●買鞋之後立即做

布面、絨布面的鞋子要噴上防水噴霧。
皮鞋要在表面擦上一層無色的
鞋油。

防水噴霧

鞋油

●皮鞋的擦法

①先用破布拍掉灰塵。
②用布沾取清潔劑擦拭，去除汙垢。
③表面全部塗上鞋油。

涼鞋

預防腳的形狀印上去，
先擦一層透明指甲油

┌乳狀－女用
│　　　軟皮革。
└蠟狀－男用
　　　　硬皮革。

鞋油

去除汙垢。

橡皮刷子除去
周圍的汙垢。

④乾了之後，用軟布或舊絲襪用力擦拭。
⑤腳跟及邊緣都別忘了要擦拭。

● 被雨淋溼的話

①用抹布把泥濘擦掉。
②以乾布除去水分。
③裡面塞報紙，晾乾。

趕時間的話，
下方也要墊著報紙。

● 漆皮鞋的維護

①用乾布擦。
②用凡士林或嬰兒油擦拭出光澤。

● 絨布鞋的維護

①以專用的尼龍刷或牙刷
　去除汙垢。
②噴上噴霧式的鞋油。
③風乾後，用刷子梳理絨面。

專用橡皮
是鞋子用橡皮擦。
能去除嚴重汙垢。

嬰兒油

用潤膚乳液也可。

凡士林　　乳液

● 創意擦鞋

如果鞋油變硬的話，加
入一點橄欖油或胡麻油。

萬一非立刻擦鞋不可的時候，
就滴幾滴牛奶在鞋蠟裡。

沒有鞋油的時候

用香蕉皮的內側擦拭。
乾了之後用軟布摩擦。

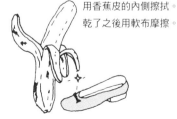

● 對付鞋子的惡臭

①換鞋墊。
②裡面擦上清潔乳霜。
③裡面噴上酒精噴霧。
④放入加了甜點味的乾燥劑。

衣物的防蟲・防水・防霉

打算拿出來穿的外出服上，居然發現被蟲蛀過或發霉了……。
為了預防發生這種慘事，如果懂得防蟲、防霉，甚至是防水的基本知識，那麼就安心多了。

●四種防蟲劑

雖然能夠防蟲甚至殺蟲，但也會對人體造成影響。如果感到不舒服就要停止使用。防蟲效果不會因為增加用量而有所改變。

樟腦

原料是樟木，帶有香氣的防蟲劑。雖然效果較慢，但是緩緩地會出現成效，也不傷質料。適用和服、毛皮等高級衣料。

巴拉劑

金線、
銀線會
變黑。

（對二氯苯，俗稱水晶腦）

揮發性高，很快就會消失，所以要時常補充。如果跟其他的防蟲劑一起使用，容易使衣物產生變色汙漬。

奈丸

殺蟲效果強，能維持很久，所以開始需要多放一些。適合用來保存人偶、娃娃。

除蟲菊精

避免使用
於含銅的
衣物。

沒有味道是其特點。跟其他防蟲劑混合使用也沒問題。雖然不必擔心衣物會起汙漬，但因不容易看出用量消耗的情形，所以別忘了確認有效期限。

〈使用的訣竅〉

①每種都要放在衣物上方。
　防蟲劑的氣體比空氣重，
　會往下沈。

多剪一個角。

②如果用玻璃紙包裝，就剪掉袋子的一小角。可一次剪開1個、2個或3個角，剪開的位置不一樣，揮發消耗的地方也不同，不會一次用完。補充時從量少的部分補充即可。如果是和紙包裝的，就直接使用。
③有味道的種類不要混著用。

●防水

不只能防止下雨淋溼，還有防止沾上汙垢的效果。只要使用防水噴霧劑，就能輕鬆做好防水的效果。噴霧分矽類與氟類，氟類防止汙垢的成效很好，而矽類則價格較高。

〈噴霧時的訣竅〉

①趁衣物新穎時，洗一洗晾乾後噴上。先試著在不顯眼的地方噴一噴。

②如果有皺褶，會造成噴霧不均勻，所以要拉平後再噴。

③打開窗戶讓空氣流通時再噴。人體吸入噴霧會有危險。

●防霉

衣物發霉來自於溼氣重。從洗衣店取回的衣物，一定要從塑膠袋中取出。

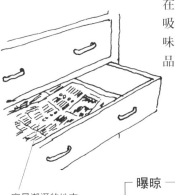

在衣櫃的抽屜底部鋪上一層報紙，就能吸收溼氣，而且不只可以防霉，墨水的味道也有防蟲效果。容易發霉的皮革製品不要收納，直接掛著就好了。

淺色衣物下方不要直接鋪報紙，多墊一層白紙比較放心。

容易潮溼的地方放入除溼劑。

曝晾

指梅雨季過後的夏季曬，和冬季2月的寒晾。在天氣良好的日子裡，把衣物放在通風良好的地方晾著，以去除溼氣並防止蟲害，是從前流傳下來的智慧。

寢具——保持舒適的訣竅

軟綿綿、剛剛曬乾的被子，有一種吸引人馬上跳上去躺下來睡的魅力。人一個晚上在睡眠中流下來的汗水，大約是1杯的分量。這樣每天累積下來的話……。

為了睡得香甜舒適，一定要經常曬曬被子。

●曬棉被的重點　乾燥與消毒

①用2根竹竿曬，兩面都要通風一次。

②如果套著被單一起曬，就能夠防止棉被直接日曬以及幫助被單乾燥。

③上午10點～下午2點是黃金時間。在這期間曬2～3小時。

④若前一天是雨天，溼氣會太重，不適合晾曬。

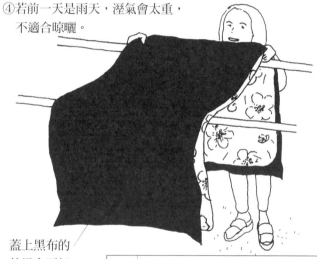

蓋上黑布的效果會更好。

⑤比起拍打，使用吸塵器去除塵蟎或灰塵更有效果。

質料	曬　乾　法
棉	因為很容易吸收溼氣，如果放晴，最好每天都拿出去曬。晾2～3小時後，在下午3點前收進來。
羊毛 羽毛	2種都含有脂肪成分，不易吸收溼氣。積存在裡面的水氣，即使只是打開窗通風，也能夠去除。如果要曬的話，只要做到日光殺菌的程度曬1個小時就好了。在有風的日子曬，對於去除溼氣有更大的效果。

●晾曬棉被的創意與訣竅

室內也沒問題

就算隔著玻璃，也能透進80%以上的熱能與90%以上的紫外線。

打開窗戶讓室內的通風良好。

收進屋裡後

用吸塵器仔細清理，會有除蟎效果。

別忘了床的清理

彈簧床要用日曬的。

橡膠床墊掛起來晾乾。

立在家裡靜置也可以。

尿床

倒上熱水。

用毛巾吸乾。

在日光下充分曬乾。

簡單夾棉被

利用洗衣店附的衣架。

① ② ③

枕頭或坐墊等小東西放進黑色塑膠袋中。

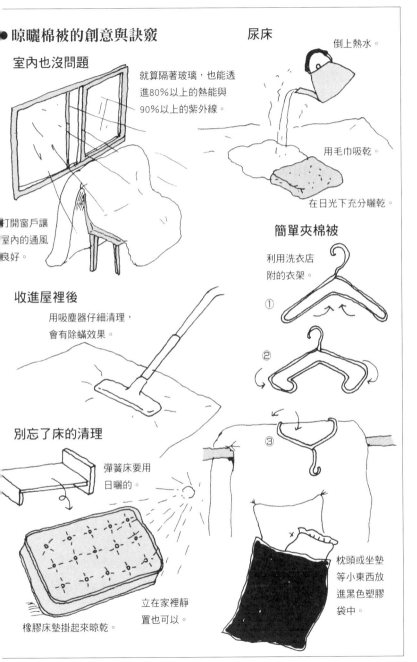

衣物整理——*10點訣竅*

衣櫥的門關不上。抽屜塞不下。整理衣物時只要稍不留意，就變得無法收拾。在你打算放棄前，先試著學會聰明整理的訣竅吧。

訣竅1 還在穿的衣物用衣架整理起來。

訣竅2 用適合衣物的衣架，就不用在滑落與重掛的動作上花時間。

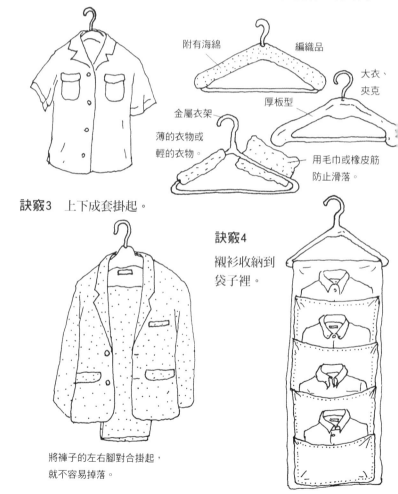

附有海綿

編織品

大衣、夾克

厚板型

金屬衣架

薄的衣物或輕的衣物。

用毛巾或橡皮筋防止滑落。

訣竅3 上下成套掛起。

訣竅4

襯衫收納到袋子裡。

將褲子的左右腳對合掛起，就不容易掉落。

訣竅5 怕起皺褶的衣服就捲起來收好。

訣竅8 小東西要用隔層來放置。

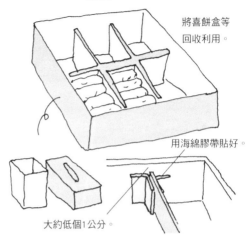

將喜餅盒等回收利用。

用海綿膠帶貼好。

大約低個1公分。

訣竅6 用不同顏色的衣架區分所掛的衣物。

粉紅・新衣服。
黑色・穿過的衣服。

訣竅7 小衣櫃更要勤於更換衣物。

貼紙要使用容易撕下來的種類。

訣竅9
門上吊掛袋子，以便整理小物品。

訣竅10 有層次地疊在一起以便容易看到。

217

摺法 1 —— 襯衫・女用上衣・裙子・大衣

如果能夠將衣服摺得很漂亮，像店裡的櫃子上所擺飾的衣物一樣，那麼你一定也能成為整理專家。來學習最簡單的折疊法吧。

襯衫

①扣上鈕扣。

第一顆鈕扣一定要扣上。

其他的放著也沒關係。

②拉住領子與衣襬用力拉一下，背面朝上。

③將正面摺過來

④袖子往上摺。下襬反摺。

⑤最後對摺。

下襬反摺的長度，視要收納疊起的長度調整。

女用上衣

扣上鈕扣。

袖子摺到前方就不容易摺壞。

如果是聚酯纖維等不容易皺的質料，就直接從下面往上捲起，會更精巧。

218

襯衫（外套）

①領子立起來，袖子放前面。　②對摺。

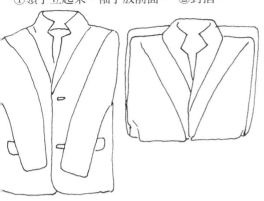

簡單摺疊

①將其中一隻袖子塞
　進另一隻袖子裡。
②將袖子收在中央後
　對摺。

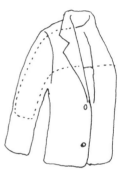

裙子

①用洗衣夾壓住褶紋，直的對摺。

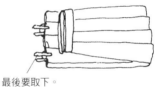

最後要取下。

大衣

①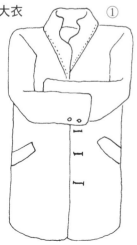

②下襬反摺。

③對摺。如果領子比
　較容易塌，那麼對
　摺時要向外。

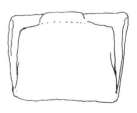

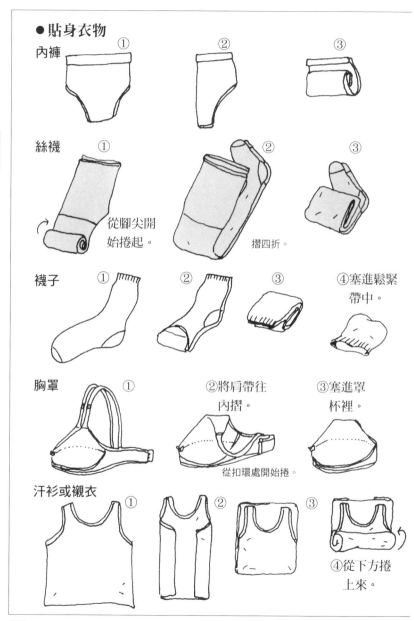

● 貼身衣物

內褲　① ② ③

絲襪　①　從腳尖開始捲起。　②　摺四折。　③

襪子　① ② ③ ④塞進鬆緊帶中。

胸罩　①　②將肩帶往內摺。　③塞進罩杯裡。
從扣環處開始捲。

汗衫或襯衣　① ② ③ ④從下方捲上來。

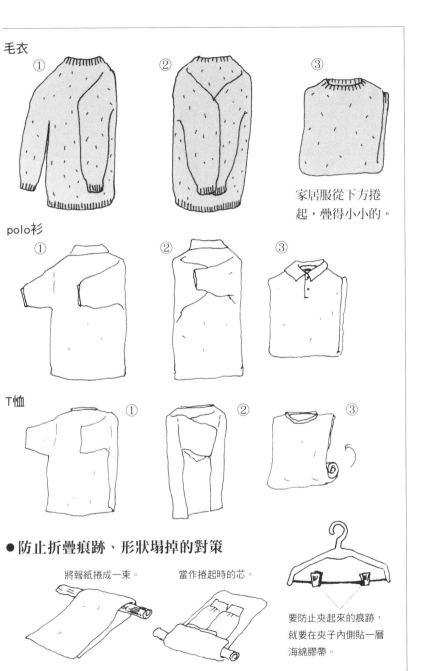

毛衣

① ② ③

家居服從下方捲
起，疊得小小的。

polo衫

① ② ③

T恤

① ② ③

●防止折疊痕跡、形狀塌掉的對策

將報紙捲成一束。　　當作捲起時的芯。

要防止夾起來的痕跡，
就要在夾子內側貼一層
海綿膠帶。

221

摺法III——和服

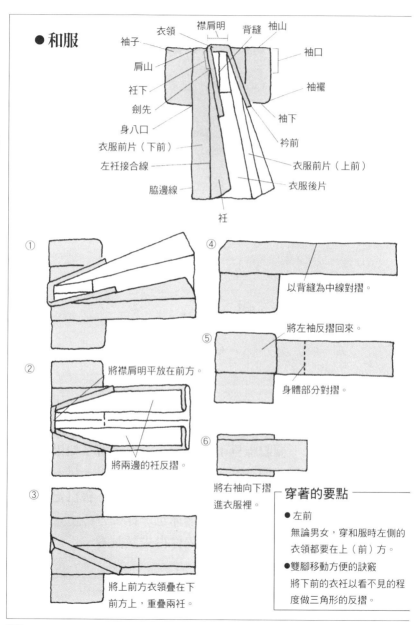

● 和服

衣領　襟肩明　背縫　袖山
袖子
肩山　　　　　　　　　　　袖口
衽下　　　　　　　　　　　袖襴
劍先　　　　　　　　　　　袖下
身八口　　　　　　　　　　衿前
衣服前片（下前）
左衽接合線　　　　　　　　衣服前片（上前）
脇邊線　　　　　　　　　　衣服後片
衽

①

② 將襟肩明平放在前方。
　將兩邊的衽反摺。

③ 將上前方衣領疊在下前方上，重疊兩衽。

④ 以背縫為中線對摺。

⑤ 將左袖反摺回來。
　身體部分對摺。

⑥ 將右袖向下摺進衣服裡。

穿著的要點

● 左前
無論男女，穿和服時左側的衣領都要在上（前）方。

● 雙腳移動方便的訣竅
將下前的衣衽以看不見的程度做三角形的反摺。

222

縫・修補

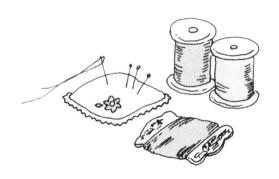

鈕扣掉了？下襬脫線垂下來了……該怎麼辦？如果要拜託別人替我們縫好，好像有點不好意思。接下來，不管是男生或女生，如果自己的衣物不會自己修補可不行。當然，爸爸跟爺爺也一樣……。

不熟練也沒關係，但是，首先你得先試試看。

裁縫工具——種類與使用法

說到縫紉的必需品，那就是針與線。再加上一些其他的裁縫工具就很足夠了。對了，還有最重要的一點，就是你的幹勁！只要能具備這點，那更是如虎添翼了。

●基本的裁縫工具

縫針，木棉與絲用8號（4公分）、5號（5公分以下）。

有細鬆緊帶會很方便。

一定要確認針的數量！

針插

珠針

車縫線（聚酯纖維、木棉、化纖）無論哪一種都很堅固。

白與黑是常用顏色。

線剪

頂針（指套）
不太會用的人沒有也可以。使用長的5號針即可。

捲尺

手縫線
縫鈕扣、補洞線

錐子
要拆線的時候很方便。

穿鬆緊帶工具

也可以用髮夾代替。

穿線器
以手縫線或木棉線穿針的時候使用。

很方便的工具。

●西式裁縫用，針與布的組合標準表

種類	No.	粗細 (mm)	長度 (mm)	主要的布料
美式規格針	6	0.78	31.8	羊毛質地，厚的木棉（丁尼布、絨布）
（洋服針）	7	0.71	30.3	木棉質、羊毛、麻
	8	0.64	28.8	薄羊毛、薄木棉
	9	0.56	27.3	絲、薄木棉

美式規格的針是西式裁縫用的手縫針，號碼越小，就越粗越長。

粗的針適合厚質料，細的針適合薄的質料。

●和式裁縫用，縫針的標示

・針的粗細　四：絲針（絲用8號就是四之三）

　　　　　　三：木棉針（木棉用8號就是三之三）

・針的長度　二：1寸2分＝3.6公分

　　　　　　五：1寸5分＝4.5公分

　　　　　　　　1寸＝3公分

和式裁縫用的針不管長度或粗細的種類都很多，所以要配合縫紉方法跟手的大小選擇容易使用的。當然也可以用在西式裁縫上。

裁縫高手的口訣

「不會的人用長線、會的人用短線」

　為了怕麻煩而讓線太長的話，線容易纏在一起，

　反而要多浪費時間。

「今日一針、明日十針」

　縫補如果多放一天讓破洞擴大，就會更花時間。

「出針、朝針」

　臨出門之際或早上匆匆忙忙的時候，不要拿針。

手縫——基本縫法

將線穿過針後，就開始了手工縫紉的第一步。可是，如果忘了在一開始打個結，線就會滑掉了。好好練習縫紉的基本方法吧。

●打結（縫紉開始的時候）

①抓住線。

②將線繞過食指。

③將食指與大拇指合上，並將線捻進圈圈裡。

④捻一捻圈圈將結打起來。

●打結（縫完時的收線法）

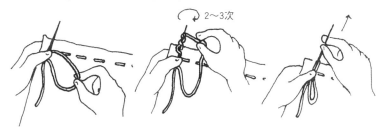

2～3次

①把針放在縫完的位置上用大拇指壓著針尾。

②從布裡穿出來的線捲上針頭。

③捲好的線往下移到針尾，以大拇指壓住，然後把針抽出來。

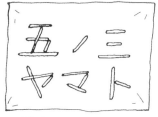

④針由背面穿到前面。

⑤縫到最後再打個結。

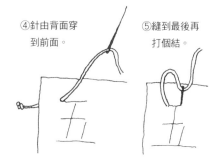

●縫字

①用鉛筆輕輕地描出字的邊緣。
②線穿針，長度約50公分左右。
③較長那一邊的線打上開始的結。

● 平針縫　用破布試縫看看吧！

最初的一針穿出後，接著不要整根針拔出來，以頂針按住，
接著縫下一針，到最後再將針抽出。

①縫一針，針尾抵著
　頂針，以拇指跟食
　指夾住針。

②左右手往不同方向移
　動，前後移動右手拇指
　與食指讓針往前進。

③將線整好不要讓縫
　的地方不平整。

● 線的接續法

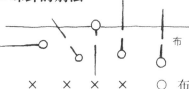

中途如果線不夠長的話就先打結，然後
於重複3公分左右的地方再開始。

● 頂針的套法

短針的情況下　　　　　長針的情況下

針的拿法

3公釐　　　　　　　3公釐

● 珠針的別法

布

×　　×　　×　　×　　○　布要固定好，在縫的時候
　　　　　　　　　　　　也不能成為阻礙。

● 布紋的觀察法

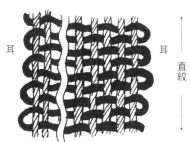

耳　　　　　　　　　耳

直紋

横紋

使用紙型的時候，有
↕記號的就要配合布
的直紋。布耳要在布
幅的兩側，這樣布才
不易綻開。

縫紉機——基本操作

許多人家裡就算有縫紉機，到最後也是擺著不用。等到打算要使用的時候，線的穿法與操作方法早就忘光了。再複習一次基本的操作吧。

●針的裝法

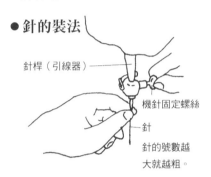

針桿（引線器）

機針固定螺絲

針

針的號數越大就越粗。

①將針桿推到最上方，定針螺絲稍微調鬆一點。
②將縫紉機針較平的那一面對準上溝槽，往上壓一直頂到底。
③鎖緊定針螺絲。
④緩緩轉動手輪，確認針有放進針溝槽裡。

布	厚的布（牛仔褲等）	薄的布（紗等）	普通的布（棉、絲等）
針	16號	9號	11～14號
線	30、40號	70、80號	40、50號

針的號碼越大就越粗。

●穿線練習、空縫

①先提起壓布腳，將布放進去，針則插入要開始縫的位置。
②壓布腳壓下將布固定。
③兩手輕輕壓住布料開始縫紉。

要改變布料方向時，針仍舊保持插著的狀態再旋轉。

壓布腳

●下線（梭子）的捲法

②將線與梭子裝上。
③以捲線器固定住梭子。
④旋轉手輪，把線捲到梭子上。

縫線（上線）
捲線器
梭子
手輪

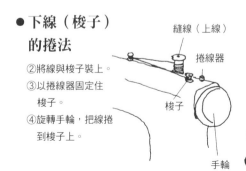

好的捲線法

壞的捲線法

壞的捲線法

①線頭穿過梭子上的孔。

228

● 下線的穿法

①將梭子放進梭殼中。

②線通過梭殼的溝槽後，從缺口拉出約10公分。

③針往上提，握著梭殼的樞紐，將突出的角對合大釜的凹槽。

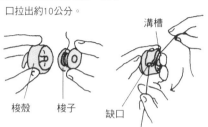

梭殼　梭子　溝槽　缺口

角　大釜（梭窩）

● 上線的穿法

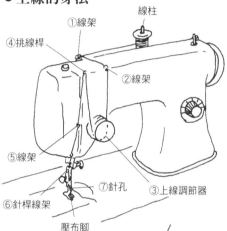

①線架　線柱　②線架　④挑線桿　⑤線架　⑥針桿線架　⑦針孔　③上線調節器　壓布腳

將線插入線柱，提起壓布腳與挑線桿。按照①～⑦的步驟穿線。

線柱→上線調節器→挑線桿→針孔這幾個順序，不管哪一台縫紉機都一樣。

● 上、下線的接合

剛好平衡。

上線較強。

上線較弱。

● 拉出下線的方法

①左手拉著上線的一端，以免線跑掉。

②手輪往前旋轉，讓針往下壓一次，提起後拉開上線。

③把被拉提起來的下線拉出來。

④上、下線一起往壓布腳外的方向拉出約10公分。

229

縫鈕扣——基本與訣竅

當鈕扣快掉時，才1天不理會它，寶貴的鈕扣就不見了，你曾遇過這樣的情形嗎？有時候因為1個鈕扣不見，就必須整排全都換掉。如果不知道如何簡單又牢固地縫鈕扣，那就可惜了。

● 兩孔鈕扣的縫法

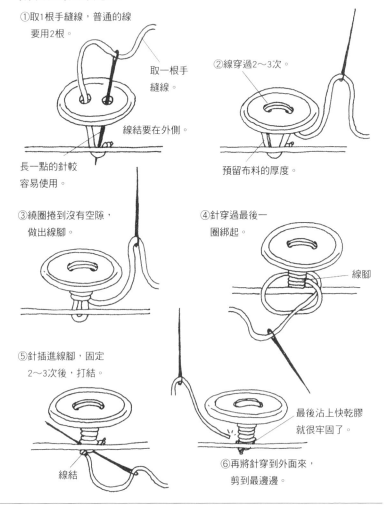

①取1根手縫線，普通的線要用2根。

取一根手縫線。

線結要在外側。

長一點的針較容易使用。

②線穿過2～3次。

預留布料的厚度。

③繞圈捲到沒有空隙，做出線腳。

④針穿過最後一圈綁起。

線腳

⑤針插進線腳，固定2～3次後，打結。

線結

⑥再將針穿到外面來，剪到最邊邊。

最後沾上快乾膠就很牢固了。

● 四孔鈕扣的基本縫法與兩孔相同

二字　　　　　　　　十字

重疊到的地方，
容易耗損。

繞線2～3次。

● 腳鈕的縫法

① 如果用兩條線縫的話，要用釦
　子本身把線結藏起來。

② 把針插進布料中。

③ 布料與鈕扣間
　不要留空隙。

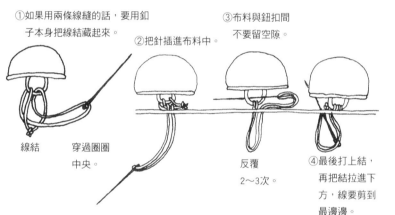

線結　　穿過圈圈
　　　　中央。

反覆
2～3次。

④ 最後打上結，
　再把結拉進下
　方，線要剪到
　最邊邊。

● 裝飾鈕扣

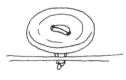

實際上並不扣上，只是裝飾用的
鈕扣，不需要做線腳。

● 施力鈕扣

如果鈕扣太大讓質料受力太重時，在反側縫上
一樣孔數的施力鈕扣即可。

暗釦・裙鉤的縫法——基本

毫不遜於鈕扣，也是我們經常倚賴的，就是暗釦或裙鉤了。又漂亮又堅固，但不是那麼簡單就能正確縫上的方法，你曉得嗎？

● 暗釦的縫法

- 薄的布料要選用小顆的。
- 要配合質料的顏色，也有暗釦是黑、白或彩色。
- 覆蓋那一側的布要縫上凸型，下方的布縫上凹型。

①打好線結後，將要縫暗釦的位置拿好，針從孔中穿出。

取1根細且牢固的線。

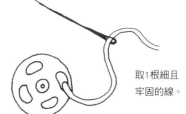

②固定好布料，針再度從同樣的孔裡穿出來。線不要全部拉出且針從線圈中穿過即是堅固的縫法。

③一個孔重複2～3回上述動作，接著一到下一個孔。

最後打上線結。

④針穿過暗釦的下方後將線剪斷。

布料不會鬆開。

凹型的縫法也一樣。

● 裙鉤的縫法

縫在要做成下方的那一側。
（下鉤扣）

縫在覆蓋側的布上。
（上鉤扣）

①取1根細且牢固的線，打上線結。

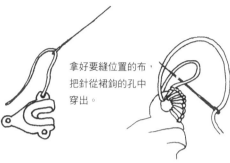

拿好要縫位置的布，把針從裙鉤的孔中穿出。

小型的裙鉤

（下鉤扣）
在超出布料邊2～3公釐的地方縫上。

（上鉤扣）
在布料邊往內2～3公釐的地方縫上，這樣勾上鉤子的時候，就會漂亮地密合了。

下鉤扣特別會施力，要仔細一點固定。

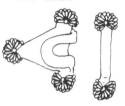

②布料拿好把針由孔中穿出，線不要全部拉出，針從圈圈穿過後才拉緊。不只是布料表面，如果有繩芯也要一起固定。

③完成其中一孔後，針要通過裙鉤下方，從下一個孔穿出。接著重複同樣步驟。最後打上線結，把針穿過裙鉤內側，將線剪斷。

● 線繩的作法

在縫上小型裙鉤的時候，下鉤扣有時並不是用金屬，而是縫上線繩。這種作法，也能用在皮帶圈、鈕扣用套圈，或固定裙子等的外側及內襯。

①線要跨縫2～3次。

②針鑽過跨縫的線，接著通過拉出來的線圈後拉緊。

③到最尾端都縫牢後，在內側打上線結。

不只是踢足球或打棒球，只要玩得忘我時，制服或衣服有時就會破洞或裂開。熟練地將它們縫補好，好好愛惜穿慣的衣服，享受新衣服所沒有的舒適性與帥氣吧。

● 衣襬脫線了（褲子、裙子、袖口）

● 繚縫

取1～2根外側的織線。

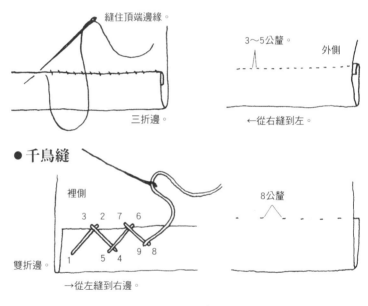

縫住頂端邊緣。

三折邊。

3～5公釐。

外側

←從右縫到左。

● 千鳥縫

裡側

3 2 7 6

1 5 4 9 8

雙折邊。

→從左縫到右邊。

8公釐

● 半回針縫（機器縫線脫線時）

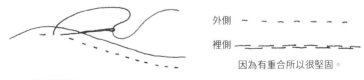

半回針縫紉。

外側

裡側

因為有重合所以很堅固。

● 綻開或勾破

縫補最重要的，是要趁破口不大時就要處理。有破洞與布料很薄弱時的縫法不一樣。如果很難縫補得不顯眼的話，就反過來，使用顯眼的全新對比色吧。

● 色紙縫

貼上比變薄部分還大一點的布料，補強。

● 布料損害情形與縫補方式

布料損害情形	縫補方式
● 布料變薄弱 褲子的腰部或膝蓋。 手肘部分。 袖口或領口。	● 線縫 （僅用線來補強） ● 色紙縫 （貼上布料縫補）
● 勾破 被鐵釘等拉破。	● 重合縫 （質料厚的衣物） ● 補洞
● 破洞 布料被擦破。 蟲咬破。 火燒或藥品造成。	● 補洞

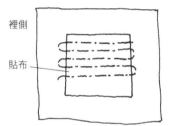

裡側

貼布

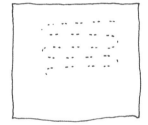

外側

貼上的布料，要用原布料或顏色相似的布料。

● 重合縫

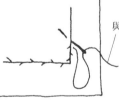

與布料同色的線。

● 補洞　　沒有原布料的時候，從衣襬或內側取下。

①外側

往內裁4公釐。

②裡側

反摺。

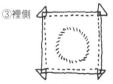

③裡側

貼布（原布料）

④外側

繚縫

簡單的縫補創意

有時候很想快點補好，但是因為太忙，只好又多放了1天。這段時間裡，脫線或破裂的地方越來越大，甚至無法挽救……。就算沒法仔細縫補，只要知道縫補的應急處置，或聰明省事的方法，那麼就方便多了。

● 衣襬摺起貼膠帶熨燙

貼在脫線的地方，在上面熨燙一下，就算洗滌也不會掉了。

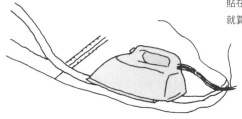

● 很方便的別針

發現有脫線或勾破的地方，立刻別上，就不會擴大了。

● 把鈕扣固定在針插上

掉落的鈕扣很容易不見，所以將它固定在針插上。

● 利用文具應急處置

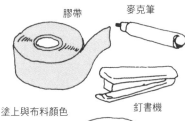

膠帶　　　麥克筆

塗上與布料顏色相近的麥克筆。

釘書機

雙面膠

● 用髮夾穿上鬆緊帶

選擇・穿搭

無論中式或西式，選擇任何穿在身上的衣物時，你是以什麼為基準呢？雖然尺寸與設計很重要，但是質料、作法及縫製法等等，往往反而容易忘記去確認。為了不要買了以後馬上嫌膩或後悔，該怎麼做比較好呢？來想想看吧。

衣物的選擇——聰明的購買法

稍微穿一下就脫線。只洗一次就不能穿了。怎麼穿都不舒服……為了防止這類事情發生，不要被外觀所迷惑，瞭解一下仔細選擇衣物的重點吧。

● 十項選擇重點

1. 觀察縫線。

如果有16針的話就更好。

13針以上。

3公分

按照日本JIS規格，3公分之內要有13針為基準。數看看腋下或衣襬的縫線數吧。

2. 觀察花紋的對合。

確認布料的圖樣是否吻合。

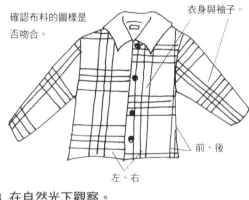

衣身與袖子。

前、後

左、右

3. 在自然光下觀察。

STORE

顏色可能會因店內照明而有點不同。拿到外面或窗邊確認一下顏色。

4. 配合成長來選擇。

在體型與喜好會逐漸改變的時期，就算買貴的衣物也很快就不能穿了。選擇便宜且汰換時不會心疼的衣物。

5. 觀察縫份。

翻到裡側，如果縫份在1.5公分以下，那麼就會容易脫線或綻開。

6. 觀察處置標籤。

能夠水洗、不需擔心褪色的衣物較容易處理。

7.一定要帶著便條紙。

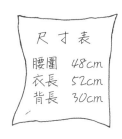

尺寸表

腰圍　48cm
衣長　52cm
背長　30cm

如果沒法子親自去買，一定要請人帶著寫上身高、體重、胸圍、腰圍等的便條紙。

8. 用小物品加上特色。

太過奇特的設計很快就會看膩了。

配戴小物品如皮帶、背包、襪子等來做變化。

9. 選擇讓臉色看起來明亮的衣物。

選擇顏色的時候。將衣物在身上比一下，選擇能讓臉色變亮的顏色。

10. 防止多買浪費的隨身清單。

顏色與數量要列出來。

裙子		褲子		夾克		襯衫	
顏色	數量	顏色	數量	顏色	數量	顏色	數量
紅	1	黑	2	紅	1	白	3
黑	1	茶	1	:	:	:	:
:	:	:	:	:	:	:	:
:	:	:	:	:	:	:	:

牛仔褲就算是同一個尺寸，男女也有很大的不同。

吋	男性	女性
27	68公分	58公分
28	71	61
29	73	63
30	76	66

各式各樣的纖維——種類與特質

選擇衣服的重點中，還有一點是不能忘記確認的，就是質料的性質。最重要的是要綜合質料處理的便利性、透氣性、吸水性、保溼性等各種條件後，再做出選擇。

●看看成分標示

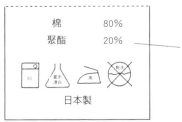

棉	80%
聚酯	20%

日本製

可以知道衣服外側及裡側所使用的纖維種類。此標示縫在衣物內側的縫線上，試著看看吧。

●天然纖維與化學纖維

天然纖維的原料，包括棉、麻等植物，或毛、絲等蛋白纖維，以及皮革等天然物質。

化學纖維是將紙漿、棉等植物原料溶解後再處理，變成人造絲或銅氨纖維等再生纖維。而醋酸纖維是在植物原料中加入合成化學反應所做成的半合成纖維。另外還有石油系的合成纖維，包括尼龍、聚酯、丙烯醛等。瞭解其各自的特質，分別使用吧。

天然纖維的原料　　　　合成纖維的原料

● 各種衣物纖維的優點○與缺點×

天然纖維	天然纖維	天然纖維
貼身衣物 ●綿 吸水○ 牢固○ 暖○ 皺褶×	夏季服裝 ●麻 吸水○ 透氣性○ 皺褶× 縮水×	毛衣 ●毛 保溫○ 溫度調節○ 吸水○ 彈力○ 縮水×
天然纖維	**化學纖維（再生）**	**化學纖維（半合成）**
外出服 ●絲 光澤○ 柔軟○ 保溫○ 蟲蛀× 縮水×	內襯 ●銅氨纖維 柔軟○ 光澤○	外套 ●醋酸纖維 輕○ 皺褶○ 吸水×
化學纖維（合成）	**化學纖維（合成）**	**化學纖維（合成）**
襪子 ●尼龍 輕○ 牢固○ 縮水×	●聚酯 吸水× 皺褶○ 強韌○ 襯衫	●聚氨酯 伸縮性○ 彈性伸縮 長褲
化學纖維（再生）	**化學纖維（合成）**	**其他**
女性上衣 ●人造絲 色彩鮮豔○ 縮水× 皺褶×	針織衫 ●丙烯醛基 色彩鮮豔○ 水洗○	繡金銀線毛衣 ●金銀線 金屬箔線的總稱 鋁變色× 巴拉劑變色× 金線不會變色○

241

內衣的選擇——正確測量尺寸的方法

你會不會因為別人看不見，就隨便穿穿呢？時髦的基本，要從聰明選擇清潔、適合成長的內衣做起。成長因人而異這一點是無庸置疑的。一開始就與家人一起去專賣店接受建議，才會比較放心。

●胸罩的罩杯與選擇法

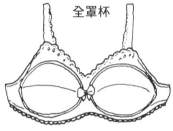

全罩杯

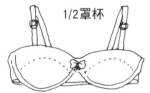

1/2罩杯

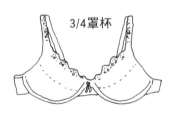

3/4罩杯

以下圍與胸圍之間的平衡來選擇。

全罩杯是指包覆住整個胸部的款式。
適合胸部發育很好的人。

1/2罩杯是全罩杯大小的一半。
適合胸部較小的人。

3/4罩杯有集中胸部的效果。適合任何人。

胸罩尺寸表

罩杯體型		下胸圍	60	65	70	75	80	85
上胸圍與下胸圍的差	約7.5公分（AA罩杯）	上胸圍	68	73	78	83	88	
		稱法	AA60	AA65	AA70	AA75	AA80	
	約10公分（A罩杯）	上胸圍	70	75	80	85	90	95
		稱法	A60	A65	A70	A75	A80	A85
	約12.5公分（B罩杯）	上胸圍		78	83	88	93	98
		稱法		B65	B70	B75	B80	B85
	約15公分（C罩杯）	上胸圍		80	85	90	95	100
		稱法		C65	C70	C75	C80	C85
	約17.5公分（D罩杯）	上胸圍		83	88	93	98	103
		稱法		D65	D70	D75	D80	D85
	約20公分（E罩杯）	上胸圍		85	90	95	100	105
		稱法		E65	E70	E75	E80	E85
	約22.5公分（F罩杯）	上胸圍		88	93	98	103	108
		稱法		F65	F70	F75	F80	F85

內褲要依臀部尺寸來選擇。

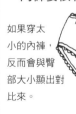

如果穿太小的內褲，反而會與臀部大小顯出對比來。

內褲尺寸

稱法	S	M	L	LL	EL
臀圍	80-88	85-93	90-98	95-103	100-108

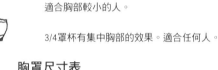

●瞭解自己的尺寸

要選擇穿在身上的衣物時，有時必須要仔細測量尺寸，
如果能用筆記下來就方便多了。

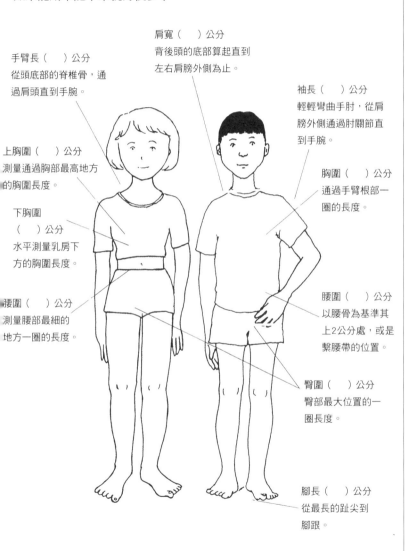

肩寬（　）公分
背後頭的底部算起直到
左右肩膀外側為止。

手臂長（　）公分
從頭底部的脊椎骨，通
過肩頭直到手腕。

袖長（　）公分
輕輕彎曲手肘，從肩
膀外側通過肘關節直
到手腕。

上胸圍（　）公分
測量通過胸部最高地方
的胸圍長度。

胸圍（　）公分
通過手臂根部一
圈的長度。

下胸圍
（　）公分
水平測量乳房下
方的胸圍長度。

腰圍（　）公分
測量腰部最細的
地方一圈的長度。

腰圍（　）公分
以腰骨為基準其
上2公分處，或是
繫腰帶的位置。

臀圍（　）公分
臀部最大位置的一
圈長度。

腳長（　）公分
從最長的趾尖到
腳跟。

選擇鞋子——聰明的購買法

如果若無其事地穿著有點緊的鞋子，或是穿著鬆垮垮幾乎要掉的鞋子，不只是難走而已，甚至會讓腳骨變形，也會影響身體的健康。選擇一雙合腳的鞋子，是關乎全身的重要事情。

●觀察鞋子尺寸的方法

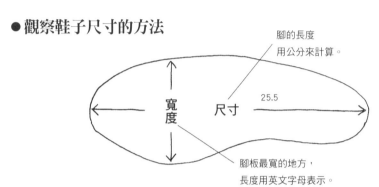

腳的長度
用公分來計算。

寬度

尺寸

25.5

腳板最寬的地方，
長度用英文字母表示。

窄←A・B・C・D・E・EE・3E・4E→寬
（標準）

●購買的訣竅

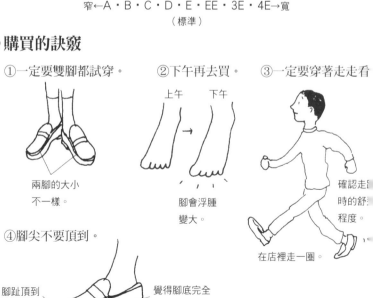

①一定要雙腳都試穿。

兩腳的大小
不一樣。

②下午再去買。

上午　下午

腳會浮腫
變大。

③一定要穿著走走看

確認走路
時的舒適
程度。

在店裡走一圈。

④腳尖不要頂到。

腳趾頂到
就不行。

覺得腳底完全
貼合即可。

244

● 各種鞋子的設計

平跟船鞋（loafer＝懶人的意思）

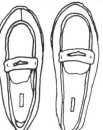

是穿脫簡單的
學生鞋固定款。

休閒鞋（slip on＝滑進去的意思）

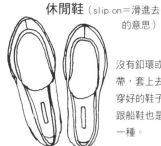

沒有鈕環或鞋
帶，套上去即可
穿好的鞋子。平
跟船鞋也是其中
一種。

帆布球鞋（sneakers＝無聲無息走路的人的意思）

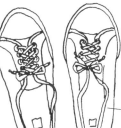

橡膠底的鞋子。
因不會製造聲音
所以稱sneakers。

—— 帆布質料

運動用鞋

—— 橡膠底

為各種運動
而開發出來
的鞋子。

軟幫鞋

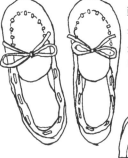

有北美原住民及挪威
生產的2種。從底部以
同一張皮製成。

低跟鞋

鞋跟高度大約
2～3公分的低跟。

平底帆布鞋
（deck shoes ＝在船
的甲板上穿的鞋）

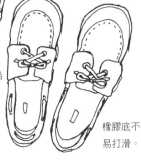

橡膠底不
易打滑。

不要只考慮外型，要配合
用途選擇鞋子。

245

時尚的基本——*T（時間）·P（地點）·O（場合）*

時尚是什麼？是跟所有人穿同樣的流行服飾嗎？還是順著想法穿上自己喜歡的樣子？的確，只要不給人添麻煩，不管怎麼穿也許都沒有關係。可是，時尚就是這麼單純的事情嗎？你覺得呢？

●時尚的基本守則是？

考慮T·P·O

明明去的是滑雪場，穿著日式浴衣很怪吧。去上學穿著小洋裝也很怪。這些都是因為服裝與「時間」「地點」「場所」不合的緣故。T·P·O是時尚的重要因素。

Time
時間

Place
地點

Occasion
場合

活用衣服的機能

衣服有保持體溫、調節冷熱、吸收汗垢等重要的功能。再怎麼喜愛的毛衣，夏天穿也會熱得要命；而冬天穿一件薄衫也會很冷。以配合自己的健康狀況、體質與氣溫等各個機能面為出發點來選擇服飾，這一點也很重要。

穿出自我風格

體型、年齡、性格、氣質等，你有只屬於你自己的美好與個性。不要光是模仿別人，也不要好高騖遠，想想如何讓自己的優點做出最佳呈現。

如果只有自己一人，可能就不會去表現時尚了。希望別人怎麼看自己，這種想法一瞬間所傳遞出來的也是時尚。人們會因為你的樣貌而去感受、想像你這個人。也許你有其他令人意想不到的傳達方法，不過站在別人的角度來看，確認一下這一點也是很重要的。

● 要出席正式場合時

如果有制服，當成小孩子的正式服裝即可。

別忘了帶手帕或面紙哦。

悲傷的場合要穿黑色或深藍色。服裝也會表現情感。肌膚部分不要露出太多。

喜事的場合就穿較明亮的顏色。要有讓周圍的人也開心的那份體貼。

×運動鞋
○皮鞋
○合成皮革

①不要造成周圍他人的不良觀感，至少要遵守這最底限的規則。
②服裝要配合集會的場合。

褲管沒有反摺的當成正式服裝。

發掘自我風格 I —— 領子・領口設計

就算穿同一套衣服，也會有人很適合，有人不適合。這是因為衣服的顏色及設計不見得適合那個人。靠近臉部的領子樣式會左右給人的印象，要特別注意觀察。瞭解適合自己的型，給人有自我風格的感覺。

● 領子的設計

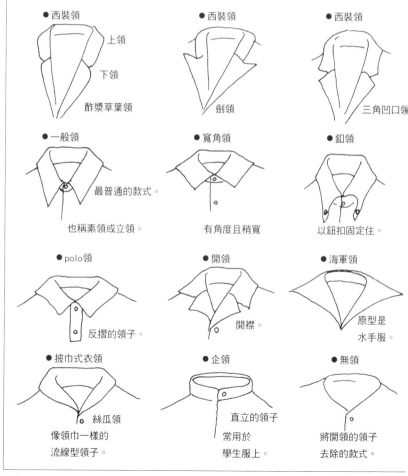

● 西裝領
上領
下領
酢漿草葉領

● 西裝領
劍領

● 西裝領
三角凹口領

● 一般領
最普通的款式。
也稱素領或立領。

● 寬角領
有角度且稍寬

● 釦領
以鈕扣固定住。

● polo領
反摺的領子。

● 開領
開襟。

● 海軍領
原型是
水手服。

● 披巾式衣領
絲瓜領
像領巾一樣的
流線型領子。

● 企領
直立的領子
常用於
學生服上。

● 無領
將開領的領子
去除的款式。

●領口的設計　你適合哪一款呢？

●貼頸圓領

繞頸型

●亨利領

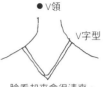

前面開釦為
其特徵。

●V領

V字型

臉看起來會很清爽。

●U領

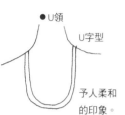

U字型

予人柔和
的印象。

●一字領

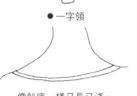

像船底一樣又長又淺。

●圓領

領口呈圓形。貼頸圓領
也是其中的一種。

●方型領

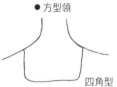

四角型

●小翻領

圍繞脖子一圈並反摺。

●闊翻領

舒展後反摺。

●長高領

像烏龜頸子一
樣的款式。

●假領

意指假的領子，與身上的衣
服分屬不同的織法或布料。

●扇貝領

有如扇貝周圍般的曲線。

●露背領

前胸的布料繞到後
頸繫起來的款式。

●湯匙領

介於V領與U領之間，
像湯匙前端的款式。

●露肩領

露出肩膀的款式。

發掘自我風格 II —— 袖子・帽子設計

袖子的款式之多，相較於領子不遑多讓。從能讓手臂更方便活動的機能款，到重視設計性的款式，各式各樣都有。配合TPO（時間、地點、場合），考慮哪種才適合吧。

● 袖子的設計

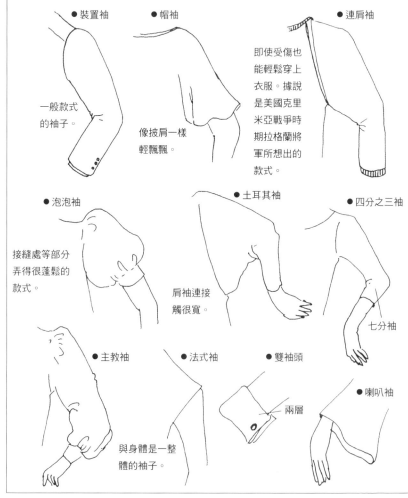

● 裝置袖

一般款式的袖子。

● 帽袖

像披肩一樣輕飄飄。

● 連肩袖

即使受傷也能輕鬆穿上衣服。據說是美國克里米亞戰爭時期拉格蘭將軍所想出的款式。

● 泡泡袖

接縫處等部分弄得很蓬鬆的款式。

● 土耳其袖

肩袖連接觸很寬。

● 四分之三袖

七分袖

● 主教袖

● 法式袖

與身體是一整體的袖子。

● 雙袖頭

兩層

● 喇叭袖

●帽子的設計

夏季防曬時不可或缺的帽子，據說是從前中世紀歐洲，剃了頭的僧侶為了保護自己的皮膚不被蟲咬，而設計來覆蓋頭部的。帽子有各種用途，包括運動、為了彰顯身分、時尚裝飾等。

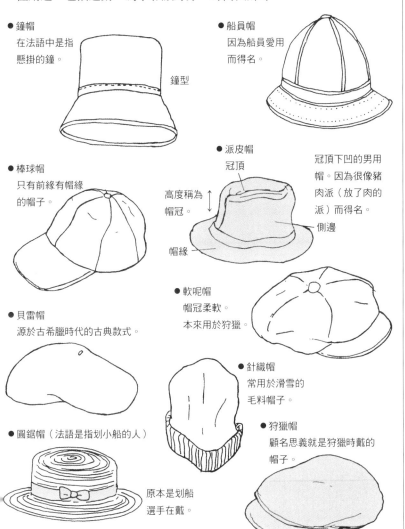

● 鐘帽
在法語中是指懸掛的鐘。

鐘型

● 船員帽
因為船員愛用而得名。

● 棒球帽
只有前緣有帽緣的帽子。

● 派皮帽
冠頂

高度稱為帽冠。

帽緣

冠頂下凹的男用帽。因為很像豬肉派（放了肉的派）而得名。

側邊

● 軟呢帽
帽冠柔軟。
本來用於狩獵。

● 貝雷帽
源於古希臘時代的古典款式。

● 針織帽
常用於滑雪的毛料帽子。

● 狩獵帽
顧名思義就是狩獵時戴的帽子。

● 圓鋸帽（法語是指划小船的人）

原本是划船選手在戴。

各種花色——和服・洋服

洋服有各種各樣的款式。從以前就沒有什麼改變、一直廣為使用的條紋或格子花色，也有很多種類，只要知道這些名稱，那麼購買、選擇洋服的時候就方便多了。換做是和服，就算是一樣的款式或花色，名稱也會不同，富有日本味兒的名稱很有趣。

● 洋服的花色

蘇格蘭格紋

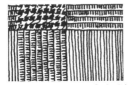

內含千鳥格子的大型格紋。

棉布花格

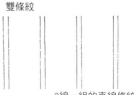

細格紋的花色。

條紋

横線條紋款式。

雙條紋

2線一組的直線條紋款式。

圓點

點狀或水珠狀的花色。

渦紋

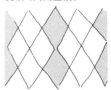

譯註：勾玉，是日本古代的一種首飾，呈月牙狀。

勾玉模樣

鉛筆條紋

很細的線。

菱紋（阿爾蓋紋）

別名鑽石格紋。名字由來是蘇格蘭阿蓋爾郡。

● 和服的花色

和服花色中占多數的也是條紋與格紋，其餘還有一些稱為古典文樣的花色。不只是和服，使用在洋服上也能夠發掘一些新的樂趣。除此之外，還有各式各樣的花色，試著找找看吧。

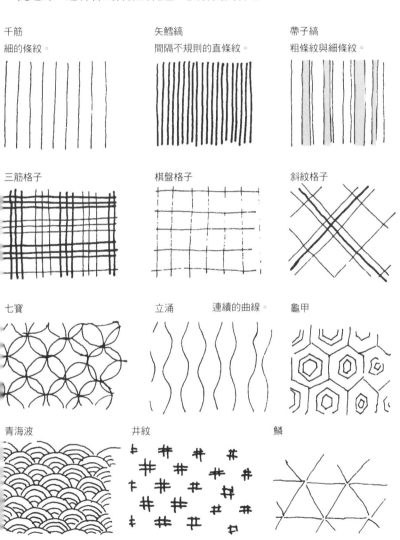

千筋
細的條紋。

矢鱈縞
間隔不規則的直條紋。

帶子縞
粗條紋與細條紋。

三筋格子

棋盤格子

斜紋格子

七寶

立涌　　連續的曲線。

龜甲

青海波

井紋

鱗

領巾的打法——基本與應用

如果能將一條正方形的布（領巾）變化自如地使用，那麼你就是很出色的淑女囉。只要知道基本的打法，即使在野外活動時突然變冷，拿來保護頸子也是很有幫助的。可以試著應用在印花手帕或圍巾上。也要教會媽媽哦。

●基本的摺法

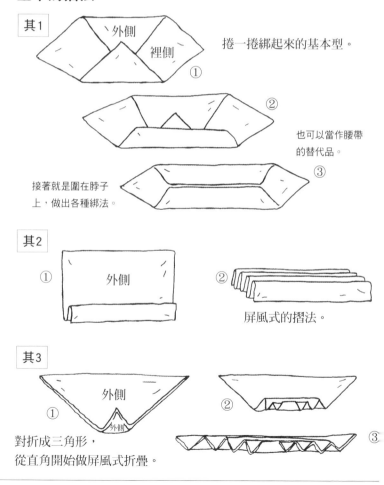

其1

外側　裡側

①

②

③

捲一捲綁起來的基本型。

也可以當作腰帶的替代品。

接著就是圍在脖子上，做出各種綁法。

其2

外側

①

②

屏風式的摺法。

其3

外側

①

外側

②

③

對折成三角形，從直角開始做屏風式折疊。

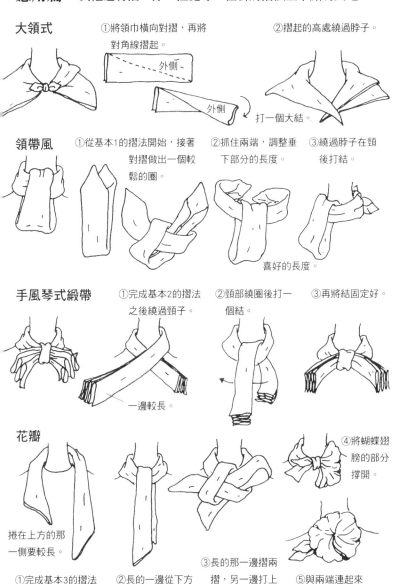

● 應用篇　其他還有摺、擰、拉寬等，在新的摺法上下點功夫吧。

大領式

①將領巾橫向對摺，再將對角線摺起。

外側

外側

打一個大結。

②摺起的高處繞過脖子。

領帶風

①從基本1的摺法開始，接著對摺做出一個較鬆的圈。

②抓住兩端，調整垂下部分的長度。

③繞過脖子在頸後打結。

喜好的長度。

手風琴式緞帶

①完成基本2的摺法之後繞過頸子。

一邊較長。

②頸部繞圈後打一個結。

③再將結固定好。

花瓣

捲在上方的那一側要較長。

①完成基本3的摺法之後繞過頸子。

②長的一邊從下方繞過拉到前面。

③長的那一邊摺兩摺，另一邊打上單邊蝴蝶結。

④將蝴蝶翅膀的部分撐開。

⑤與兩端連起來做成一朵花。

領帶的打法——基本與手帕裝飾

不只是出社會的人，你們接下來也有可能會進入必須穿制服的學校，或必須出席各種儀式場合，因而增加打領帶的機會吧。如果能夠記住領帶的基本打法，就不會慌張失措了。跟爸爸的打法比較看看吧。

● 基本的打法　標準結

① ② ③ ④ ⑤

其他還有結眼比較大的溫莎結，以及介於兩者之間的半溫莎結等。

領帶的長度是在腰圍的正上方，以肚臍周圍為標準。

上方的要稍微長一點，不露出下方那一截。

蝴蝶領結

● 手帕裝飾摺法

從胸前口袋稍微露出。

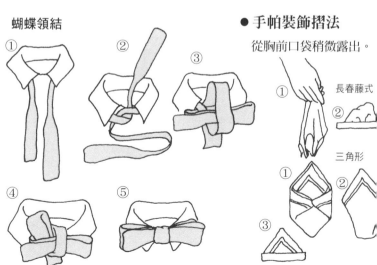

長春藤式

三角形

住
生活圖鑑

住—想要住得舒適點！

雖然我們常說「有灰塵又不會死」，而生活中最常讓我們排在最末順位的問題也是「住」。可是，能讓我們休息得很自在的環境與場所，對於做回我們自己是很重要的，其中之一就是你的住家。無論大小，那裡的主人就是你。

如果家裡很凌亂，布滿灰塵、蟲子、垃圾的臭味……，這麼一來，一定沒有辦法很放鬆吧，因為住起來不舒服。

當然，也許有人認為「雖然乍看之下很亂，可是我自己都知道什麼東西放在哪裡」。如果每天能生活得很自在，也不會感到焦躁或累積壓力的話，那麼這是你的生活方式倒也無妨。但是，前提是不要給其他人添麻煩。

如果一起住的家人或是生活在周遭的人，看了你的生活方式，覺得很不舒服，那就有點問題了。讓彼此都能舒適地生活居住，這個規則是一定要遵守的。

這時，我們就必須瞭解一些常識，能讓自己舒適地過生活。比如掃除、整理、修理，或是防災、預防犯罪、健康管理……。如果你覺得麻煩得要命，那一定是你不太懂得其中的要領吧？

對你而言，居住得很舒適是指什麼呢？

為了住得舒服，首先最需要的又是什麼呢？

在你翻開書頁的時候，順便想一想吧。一定能找到以自己當主角，又有自己風格的舒適居住法！

掃除

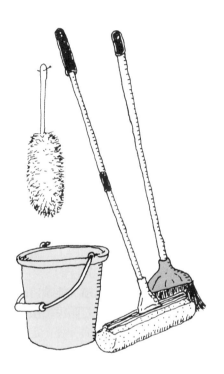

討厭掃除的人，會因為討厭而完全不做。而不做的
結果就是汙垢越積越多，等到自己做不來的時候，
又更加討厭，像這種惡性循環真的不少。其實我也
一樣……。這一篇，我就試著收集了一些提示與訣
竅，可以讓討厭掃除的人也能拿出幹勁。

不費力掃除入門 ——省事的訣竅

你可能認為像掃除這種事，即使不做也不會死。可是，比起髒亂不堪，乾淨的環境當然比較好。擅長掃除的人，到底有哪裡和別人不一樣呢？

●掃除高手的共通點？

1. 將沒用的東西減到最小、最少。 「丟棄高手」。
2. 認定擺放的地方，使用完畢後一定放回原位。 「收拾高手」。
3. 請家人分擔家務。 「委託高手」。
4. 掃除工具能活用自如。 「運用高手」。
5. 勤快。 「齊頭並進高手」。

減到最小。

收拾高手

委託高手

丟棄高手

運用高手

齊頭並進高手

●輕鬆不費力的掃除，這就是訣竅

1. 不要一次打算把一堆事做完。今天就只有將這裡「彈性打掃」。
2. 如果增加了要找的東西，那麼就做個掃除提醒表。
3. 利用膠帶或溼紙巾，輕鬆簡單的打掃。
4. 準備兩個YES和NO的袋子，來分裝需要的跟不要的東西。
5. 找出最有用的掃除用品，紙屑簍也很重要。
6. 利用可以使用後丟棄的掃除用具（破布、報紙等）。

今天只整理這裡。

要找的東西變多了，
就是該打掃的時候了。

一開始要做
分類。

輕鬆簡單地打掃

喜愛用的工具

●掃除的基本方法

・擦拭的時候　從最裡面往外直線擦

・去除的時候　從上到下直線拂去

・磨亮的時候　曲線

●就算是專業掃除，也只準備這些

・中性洗劑（家具、地毯專用）

・鹼性洗劑（去油汙用）

・酸性洗劑（廁所用）

・霜狀清潔劑（玻璃用）

・海綿、棕刷、抹布、耐水紙巾

掃除的基礎知識—— 禁忌集

以更白、更能去除頑垢為廣告詞的廠牌種類繁多，而市面上也販售了許多強力的漂白劑與清潔劑。雖然看似方便，但在使用漂白劑或清潔劑時，因一時大意而導致失明或喪失性命的人也有。所以一定要詳細閱讀標籤上的警告標示。

●混在一起用很危險，甚至可能危及性命

1. 氯系漂白劑＋酸性清潔劑＝有毒氣體
混在一起很危險！（要仔細閱讀警告標示）

氯系
漂白劑

氯系
漂白劑

氯系
除霉劑

除霉劑

＋

浴缸用
酸性洗劑

浴缸用
酸性洗劑

廁所用
酸性洗劑

廁所用
酸性洗劑

＝危險

不要使用兩種以上的洗劑。

●洗劑的種類與用途

1	2	3	4	5	6	7	8	9	10	11	12	13	14	PH
酸性			弱酸性			中性		弱鹼性			鹼性			
廁所用 清潔劑			浴室用洗劑 強 ◀			廁所用 洗劑 廚房用 洗劑		一般掃除用 洗劑 玻璃清潔劑 ▶ 強			家用強力清潔劑 瓦斯爐、微波爐用清潔劑 廁所用清潔劑 排水孔用清潔劑 抽風機用清潔劑			

2. 依汙垢的嚴重度，來區分擦拭法及清潔劑的使用。

第一步

乾布擦拭 ➞ 沾水擦拭 ➞ 溫水擦拭

訣竅是要擰乾抹布。用脫水機也是好方法。

洗劑

中性 ➞ 弱鹼 ➞ 鹼

因為有強烈腐蝕性，
不要用在漆器或彩繪上。
使用後一定要用水擦拭。

少量並遵守使用方法。

3. 電器製品上絕對不可以使用石油醚、稀釋劑、清潔劑。

會造成損壞或變色。將溫水稀釋中性洗劑後，
以抹布擰乾擦拭。

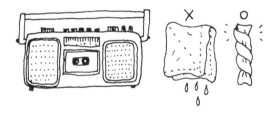

4. 地毯、窗簾等住家用品的汙漬，絕對不可用熱水。

汙漬中的色素反而會因為熱氣而固著。

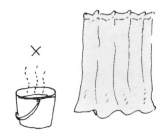

身邊小物品的掃除法

就算將房間打掃好了，但小物品的清潔卻總是忘掉。不知不覺間，就積了一堆灰塵，變得十分骯髒了。

電器製品

電視或光碟機的
遙控器。

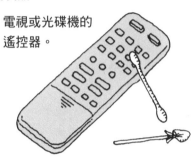

基本上，要用乾布直接擦拭。如果這樣還清不掉，就薄薄地沾一些溶解了中性洗劑的溫水，擰乾後再行擦拭。

用棉花棒沾上洗劑後擦拭。

牙籤＋面紙也OK。

電話

電視

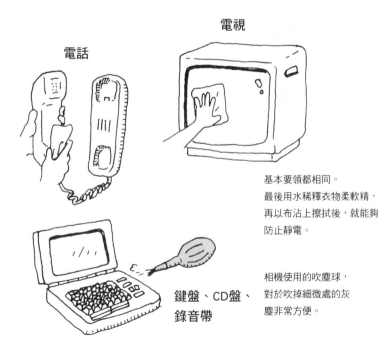

基本要領都相同。
最後用水稀釋衣物柔軟精，再以布沾上擦拭後，就能夠防止靜電。

鍵盤、CD盤、
錄音帶

相機使用的吹塵球，對於吹掉細微處的灰塵非常方便。

剝除貼紙

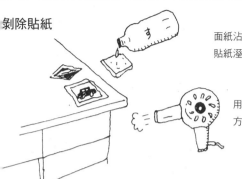

面紙沾醋，靜置於貼紙上方一會兒。
貼紙溼了之後就容易撕除了。

用吹風機的熱風在貼紙上
方吹一吹，也能夠撕除。

小的擺飾品

用吹風機的冷風
吹走灰塵。

紙屑簍

編織的簍子，
用刷子等東西
去除網眼內的
灰塵。

去除不了的汙
垢，就沾少量
家用洗劑後，
擰乾擦拭。

時鐘

明顯的汙垢，就使用肥
皂液或家用洗劑去除。

布娃娃

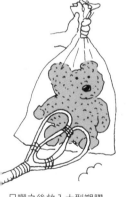

日曬之後放入大型塑膠
袋，從上方開始拍打。

灰塵出現的地方就用
吸塵器吸除。

頑強汙垢的去除法

遇到頑強汙垢，也不必苦惱了。可是，不要一年只清理一次，每個月都清理的話，汙垢應該也不會累積那麼多了。

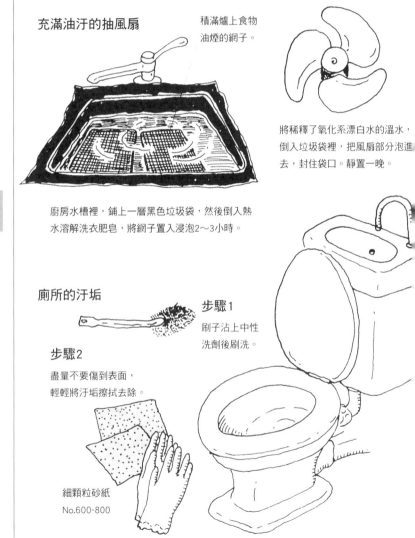

充滿油汙的抽風扇

積滿爐上食物油煙的網子。

將稀釋了氧化系漂白水的溫水，倒入垃圾袋裡，把風扇部分泡進去，封住袋口。靜置一晚。

廚房水槽裡，鋪上一層黑色垃圾袋，然後倒入熱水溶解洗衣肥皂，將網子置入浸泡2～3小時。

廁所的汙垢

步驟1

刷子沾上中性洗劑後刷洗。

步驟2

盡量不要傷到表面，輕輕將汙垢擦拭去除。

細顆粒砂紙
No.600~800

浴缸的汙垢

汙垢本身是蛋白質、脂肪、
香皂渣淬長的黴菌。

步驟1

用霜狀清潔劑
刷洗。

步驟2

10倍水稀釋氧化系漂
白劑，用紙巾沾取後
貼住汙垢處浸潤。

水龍頭或水槽

水龍頭四周的白色物質，是充斥
在自來水中的石灰。可用霜狀清
潔劑刷洗去除。水槽內的汙垢，
可以沾上鹼性洗劑後，用刷子刷
洗。最後用乾燥的抹布擦乾後就
不會霧霧的了。

白色石灰汙垢，
要用霜狀清潔劑。

清掃細縫的小道具

竹籤……細小的縫隙、欄杆
牙刷……舊牙刷2～4把，配合高度組
　　　　裝起來，再用橡皮圈綁起來
　　　　就很方便了。
棉花棒…沾洗劑後刷洗細微的部分。
免洗筷…用來刮除頑強附著的汙垢。

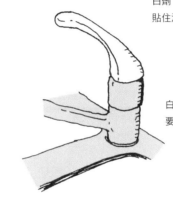

斜斜地削除一些，
以飯匙的形狀使用會很方便。

住宅汙漬的去除——基本

掃除後也去不掉的居家汙漬很煩人？其實，只要知道除汙原理就能夠輕易去除了。也讓家裡的人知道怎麼做吧。

●去除汙漬的基本

①水溶性的汙漬，用水去除。
②油性的汙漬，用石油醚（頑強汙漬）或酒精（弱汙漬）擦除。
③色素則以洗衣肥皂、醋或漂白劑清理。
④熱水是禁忌，千萬不要使用。

●去除汙漬的步驟

步驟1 如果不知道汙漬是水溶性或油性的時候，先沾一點消毒用的酒精輕拍看看。

步驟2 汙漬變淡一點……油性──→就這樣輕拍去除。
　　　　沒有變化……水性──→沾水輕拍去除。
步驟3 去除色素……沾洗劑水或醋輕拍。
步驟4 含有蛋白質的汙漬（牛奶等）……沾上添加蛋白質分解酵素的洗劑後輕拍去除。
步驟5 最後用充分沾水的抹布拍打去除。

●實踐篇

●牛奶汙漬

①將牛奶擦乾。

乾布、面紙

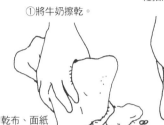

②抹布浸泡酒精後
輕拍汙漬。

酒精

藥局就有賣。

③牙刷沾一些添加蛋白
質分解酵素的洗劑，
輕拍。

●家具上的塗鴉

原子筆

噴上一點頭髮噴霧後擦拭，
神奇地會變得很乾淨哦。

噴髮劑

蠟筆

用乾布沾上牙膏
擦拭。

彩色筆、簽字筆

用除指甲的去光水
或石油醚擦拭去除。

去漬油

●榻榻米的汙漬

醬油、墨水

①先用面紙吸乾，再把
鹽抹在沾汙的部分。

②輕拍使鹽將汙漬
吸除。

③以吸塵器將鹽吸除。

269

季節用品——保存的方法

收納的時候，只要多下點功夫，明年就又能舒適使用了。
別讓它們發霉、損壞，來熟練地收拾吧。

● 夏季物品

冷氣

將濾網取下來，以吸塵器將網紋上的灰塵吸走。
如果有清不掉的灰塵，就泡在溶解中性洗劑的溫
水中，以刷子刷洗，注意不要刷壞網眼。水洗之
後，要放在太陽底下曬乾。

室內機出風口的灰塵，也要用吸塵器吸除。

電風扇

扇葉蓋以逆著風扇
轉的方向旋轉，就
能夠拆卸下來。

拆下護網。

用中性洗劑擦拭
塑膠扇葉。

竹簾

竹製的就用布沾上家用
洗劑擦拭。然後晾乾。

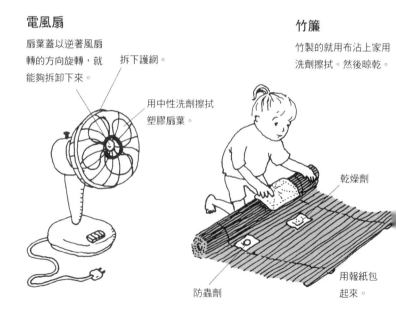

乾燥劑

用報紙包
起來。

防蟲劑

藤製品

①用刷子將灰塵拂去。
②抹布沾熱水後擰乾擦拭。
③擦不掉的汙垢，就用家用
　洗劑擦拭。
④乾布擦拭。

●冬季物品

電暖爐

安全防護

清除反射板上的汙垢，要先拆除
安全防護，然後以沾了廚房洗劑
的抹布擦拭後，再用乾布擦拭。

石油暖爐

儲油槽裡的燈油全部都用破布吸乾。就算容
量計的指標已經歸零，還是要仔細擦除。

周遭則用中性洗劑擦拭。

電毯

先用吸塵器將髒汙仔細去除，
汙漬的地方，以牙刷等物品沾
上中性洗劑輕拍，接著仔細擦去洗劑。
高溫通電2～3小時，使其充分乾燥之後再
收起來。

大掃除——1天完成的祕訣

你可能認為每天的打掃，到最後都會偷懶，更何況是大掃除。可是大掃除跟平日的打掃，還是有些不同。若要說的話，就是「掃除的祭典」。是一年1～2次動員全家人，將堆積的汙垢都去除的日子。平時無法獨力完成的工作，也可以在這一天找家人一起幫忙。

● 大掃除的五個重點

其1　一年至少要做1次。

最常見的就是12月底的大掃除。將一整年的汙垢除去，乾淨清爽地迎接新年，是一定要的。另外，3月冬天過去，伴隨著春季強風的沙塵來襲，所以也有人趁春季將家裡清潔一番。

其2　大型垃圾收集日的前一天一口氣完成。

因為也會清出大型垃圾，所以要先確認收集大型垃圾的日子，訂定來得及的日程。而且當然要是晴朗的日子。

其3　上午清外面，下午清屋內。

玻璃、外牆、庭院、陽台、玄關等屋外的地方要在上午清掃。
下午則由上至下清掃家中常使用的區域。

其4　別忘了前一天就要將清掃工具準備齊全。

其5　專家才能組裝得好，所以不要勉強自己。

地毯或抽風機等等，有必要的話請專家來做。

● 場所的順序

屋外一圈

①修補牆垣的破損處。
②排雨用的水管裡面。
③將防雨窗的水擦乾。
④清洗紗窗。
⑤擦拭門牌。
⑥擦窗戶。
⑦擦門。

小孩房間

①清除天花板、牆壁上的灰塵。
②擦拭燈具。
③拍打窗簾，或用吸塵器吸除。
④擦拭窗戶玻璃、窗框、門。欄杆也不要忘記擦。
⑤用乾布擦拭家具。
⑥家具下方深處也要清掃乾淨。
⑦地板或地毯清洗乾淨。

起居間

與兒童房間一樣。

玄關

①擦拭鞋櫃的裡面。
②擦拭放置的裝飾品。

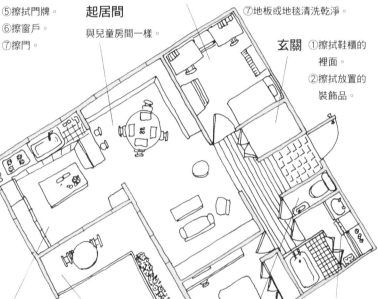

陽台

灑水清掃。

廚房

①將餐具架或收納架裡的東西清出後擦拭架子。
②擦拭爐子或抽風機上的油垢。
③清除天花板、牆壁上的灰塵。
④擦拭燈具。
⑤擦拭流理台周圍。
⑥用酒精擦拭冰箱內部。
⑦清洗垃圾桶。
⑧擦地板。

廁所

①將氣窗清理乾淨。
②擦拭馬桶內側及周圍。

臥室

將寢具曬乾，連床鋪也清理乾淨。
其他與小孩房間相同。

浴室、洗臉台

①將排水孔清乾淨。
②將水龍頭擦拭乾淨。
③擦拭鏡子。

對付塵蟎——掃除的重點

●塵蟎是什麼？

最近室內的地毯或被子滋生了一些塵蟎，因此過敏的人
也增加了。

眼睛看不見的塵蟎，據說如果是1×1平方公尺的榻榻米中，
會有100萬隻，地毯則有30～40萬隻、棉被會有10萬隻之多。
塵蟎增加的條件，分別是食物、溼度與溫度。

塵蟎以食物渣滓或人的頭皮屑、皮膚等為食。最喜歡的溼度
約60％以上，溫度則在20～25度以上。

●塵蟎驅逐法

塵蟎驅逐法為　①斷絕它們的食物來源　②將溼度調到60％
以下　③用50度以上的高溫殺除。但塵蟎的殘骸也會成為
過敏的因素，所以一定要完全去除掉。以上三項是重點。
接著用吸塵器仔細清理也很重要。或用大量的水沖洗也
很有效果。

棉被

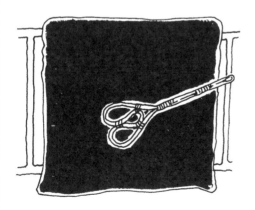

曬被子的時候，覆上一層黑布，
讓溫度更高。收起來之前，要拍
打棉被，讓塵蟎浮上來，用吸塵
器吸除。

1平方公尺左右，要處理3分鐘以
上，慢慢地吸除。被單也要仔細
地清洗乾淨。

榻榻米

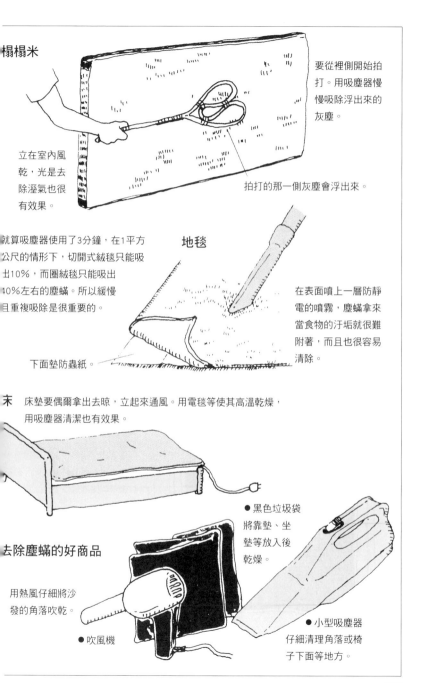

要從裡側開始拍打。用吸塵器慢慢吸除浮出來的灰塵。

立在室內風乾，光是去除溼氣也很有效果。

拍打的那一側灰塵會浮出來。

地毯

就算吸塵器使用了3分鐘，在1平方公尺的情形下，切開式絨毯只能吸出10%，而圈絨毯只能吸出40%左右的塵蟎。所以緩慢且重複吸除是很重要的。

下面墊防蟲紙。

在表面噴上一層防靜電的噴霧，塵蟎拿來當食物的汙垢就很難附著，而且也很容易清除。

床 床墊要偶爾拿出去晾，立起來通風。用電毯等使其高溫乾燥，用吸塵器清潔也有效果。

去除塵蟎的好商品

用熱風仔細將沙發的角落吹乾。

● 吹風機

● 黑色垃圾袋
將靠墊、坐墊等放入後乾燥。

● 小型吸塵器
仔細清理角落或椅子下面等地方。

住家的害蟲——除蟲對策

生活方式的改變，儘管季節更替，蟲虫蚊蚋還是會在舒適的家中增生。在嫌惡蟲子之前，先注意不要讓它們再增加了。

● 蟑螂

最不受歡迎的昆蟲代表就是蟑螂了。蟑螂最喜歡的場所是　①黑暗　②溫暖　③潮溼　④有食物的地方。就先從收拾食物開始下手吧。

自家製除蟑物品的作法

小魚乾粉

倒入小魚乾

舊的明信片　雙面膠

紙杯內側塗上奶油

噴霧殺蟲劑的使用法

①直接噴殺。

②事先噴在蟑螂會通過的地方。效果約1～2週。

同分量

麵粉　硼酸　洋蔥汁

麵粉　硼酸

牛奶

牛奶

硼酸球的作法

在等量的麵粉與硼酸中倒入少量洋蔥汁與牛奶，捏成大約耳垂的硬度。

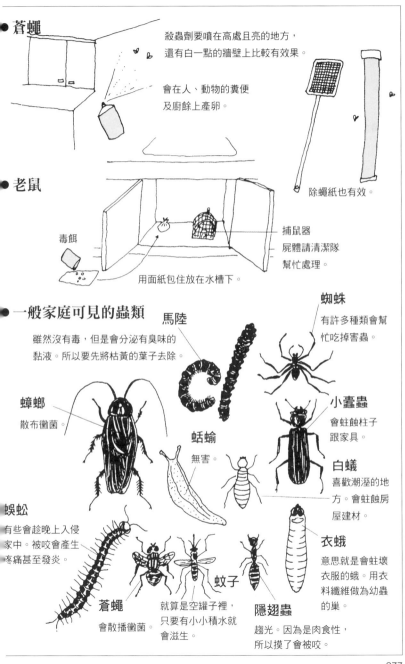

● 蒼蠅

殺蟲劑要噴在高處且亮的地方，還有白一點的牆壁上比較有效果。

會在人、動物的糞便及廚餘上產卵。

除蠅紙也有效。

● 老鼠

毒餌

用面紙包住放在水槽下。

捕鼠器
屍體請清潔隊幫忙處理。

● 一般家庭可見的蟲類

馬陸

雖然沒有毒，但是會分泌有臭味的黏液。所以要先將枯黃的葉子去除。

蜘蛛

有許多種類會幫忙吃掉害蟲。

蟑螂

散布黴菌。

蛞蝓

無害。

小蠹蟲

會蛀蝕柱子跟家具。

白蟻

喜歡潮溼的地方。會蛀蝕房屋建材。

蜈蚣

有些會趁晚上入侵家中。被咬會產生疼痛甚至發炎。

蒼蠅

會散播黴菌。

蚊子

就算是空罐子裡，只要有小小積水就會滋生。

隱翅蟲

趨光。因為是肉食性，所以摸了會被咬。

衣蛾

意思就是會蛀壞衣服的蛾。用衣料纖維做為幼蟲的巢。

277

溼氣與黴菌——防霉對策

黴菌的種類中，有些是導致嚴重氣喘的原因，甚至有些恐怖的黴菌，會危害到生命安全。

●除掉發霉的三大要素吧

①營養……糖、澱粉、纖維素等食物的殘渣、手垢、灰塵。
②溫度……最喜愛20度以上的氣溫。0～40度是滋生的範圍。
③溼度……高達80％以上就是黴菌的天國了。
　　65～70％以上對於黴菌而言相當舒適。

●預防法

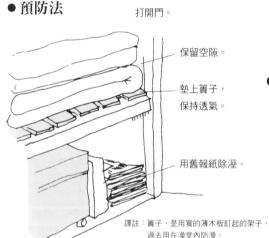

打開門。

保留空隙。

墊上簀子，
保持透氣。

用舊報紙除溼。

譯註：簀子，是用寬的薄木板釘起的架子，
　　　過去用在澡堂內防滑。

●防霉的基本

①打開窗戶。
②掃除。
③擦拭結露處。
④控制暖氣溫度。
⑤日曬。

身邊的除溼用品

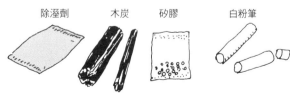

除溼劑　　　木炭　　　矽膠　　　　白粉筆

● 對付浴室的潮溼黴菌

①不要忘記通風。（開窗、抽風機）
②去除水氣。

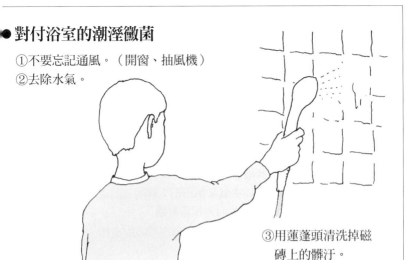

③用蓮蓬頭清洗掉磁
　磚上的髒汙。

公寓等水泥住宅

要消除水泥中含的水分，需要花7～8年。
所以要多利用除溼機。

● 如果發霉了

使用除霉劑的時候，要
保持空氣流通，並用舊
牙刷刷洗。

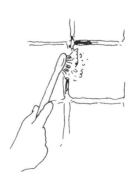

①以消毒用酒精擦拭。
②如果殘留霉跡，用漂
　白水擦拭。

在意的氣味——除臭對策

只要正常過生活，有時就會產生令人不愉快的臭味，而且怎麼都消不掉，讓人傷透腦筋。讓我們來瞭解臭味的消除法吧。

●除臭的基本技巧與各種除臭劑

①隱藏技巧……為了緩和不快的臭味，加入甜甜的香味或清爽的香味。
　　　　　　　芳香噴霧等。

②負負得正……利用臭味與臭味相加，讓兩者的臭味抵銷。
　相殺技巧　　廁所用等。

③吸除技巧……利用活性炭或沸石藥劑等吸附臭味。
　　　　　　　冰箱用等。

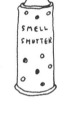

④化學變化技巧……利用氧化及凝固等化學變化來除臭。
　　　　　　　　　廁所用等。

⑤分解技巧……利用酵素分解氣味分子。廚餘、汙水處理用等。

●試試從前傳下來的脫臭法

燻茶葉渣或乾燥橘子皮

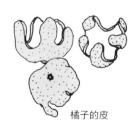

橘子的皮

木炭

能去除煮飯鍋巴的焦味。

茶葉渣用烤箱烤一下也OK。

● 身邊的除臭創意

在煙灰缸中等地方

放入咖啡渣也有吸附臭味的效果。

要消除廁所或廚餘的臭味

消毒用洒精

將酒精裝在噴霧罐裡噴一下。

廚餘容器的底部

舊報紙

吸附效果

冰箱或鞋櫃裡

小蘇打

打開蓋子。
小蘇打有吸附效果。

尿床的臭味

用含有稀釋醋液的布拍拭。

醋

醋有除臭效果。

排水口的臭味

1碗水裡放入1杯鹽,將高濃度的鹽水倒進去。

鹽也有吸附臭味的效果。

海鮮腥臭味

茶葉渣(稍微有點潮溼)均勻鋪滿整個烤盤。

掃除工具——基本使用法

說到「掃除工具」，似乎大家都會立刻回答「吸塵器」，不過依照不同目的而能善用各種掃除工具，是熟練打掃的第一步。來練習使用從前就有的掃除用具吧。

帚（客廳用）

要一口氣掃掉髒汙，果然還是這把最方便。客廳用掃帚中，有將草捆起來的草帚，還有以棕櫚樹皮做成的棕櫚帚。因為棕櫚帚能吸取細微的灰塵，所以不只榻榻米，還可以用在一般地板或乙烯磁磚上。打掃的時候，沿著榻榻米或地板縫隙使用。

最初使用時，草帚以薄鹽水、棕櫚帚以溫水沾溼前端，接著晾乾後再使用，就能保存得比較久。

除塵撣

要清除門上的灰塵，使用雞毛撣子即可。從上到下輕拍拂去，接著使用掃把或吸塵器。

化學撣子

比起拍打，使用時輕拂過去揮掉灰塵。

外用帚

清掃玄關或陽台時，使用短柄的蕨帚會較方便。而庭院用的竹掃帚，除了能收集落葉之外，也能掃到角落。

抹布

將抹布沾水擰乾，沿著榻榻米的紋路擦拭，接著再用乾布擦。

畚箕

長柄的掃帚，配合長柄畚箕較為方便。箱型畚箕適合用在打掃寬闊地方時，將垃圾聚集起來一次扔掉。

修理

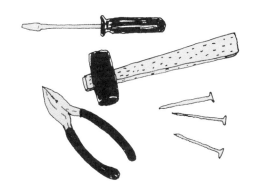

我們所居住的舒適環境，是靠各種東西所支持的。
每天使用的自來水、電燈、排水管、紗窗……只要
其中有任何壞掉或毀損的，我們就會感到很麻煩。
雖然有些東西是不拜託專家修理就無法修復，但是
只要知道如何緊急維護或修理的一點小訣竅，就有
許多時候能夠比較放心了。

木工道具入門 | ——切開・鑽孔

臨到修理的當頭，才發現就算知道修復的方法，但因為不擅長使用木工道具，而浪費了難得的知識。所以來掌握至少該知道的木工道具使用的方法吧。

●切開

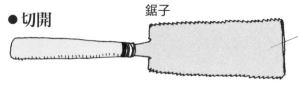

鋸子

雙面刀刃
如果是單面刀刃，
就用來做橫切。

大型美工刀

能夠切開3公分厚合板的大型刀，非常方便。
一開始輕輕劃下一條痕跡，接著磨2、3次將板子切開。

縱斷鋸齒（粗）

橫斷鋸齒（細）

縱斷鋸齒要使用於順著木紋的方向鋸。橫斷鋸齒則是在橫斷木紋的方向時使用。

●鋸子的使用法

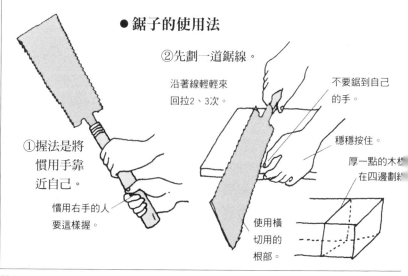

②先劃一道鋸線。

沿著線輕輕來
回拉2、3次。

①握法是將
慣用手靠
近自己。

慣用右手的人
要這樣握。

不要鋸到自己
的手。

穩穩按住。

厚一點的木材
在四邊劃線

使用橫
切用的
根部。

鋸子就在拉鋸之間能切斷物品！

④最後要撐著容易掉落
　的那一端。

③沿著鋸溝緩
　緩鋸開。

視線與
鋸子呈
直線。

以這種拿球棒的姿
勢，會讓握柄頂到
肚子而更難鋸。

握柄做為身體中心。

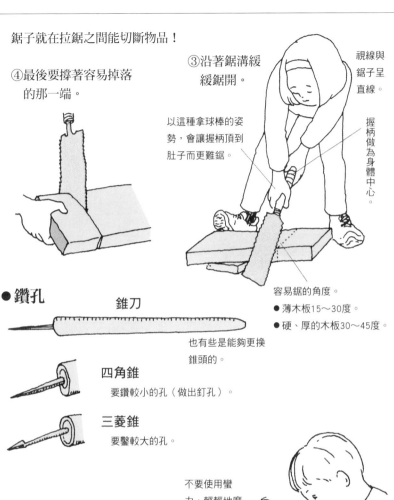

容易鋸的角度。
● 薄木板15～30度。
● 硬、厚的木板30～45度。

● 鑽孔

錐刀

也有些是能夠更換
錐頭的。

四角錐

要鑽較小的孔（做出釘孔）。

三菱錐

要鑿較大的孔。

不要使用蠻
力，輕輕地摩
擦是訣竅。

● 錐刀的使用法

①直立插在記號上方。
②從上方以雙手掌心
　左右摩擦向下。
③手往下直到2/3左右
　時再回到原點。

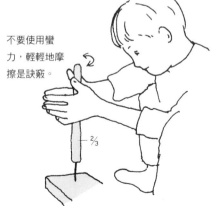

— ⅔

木工道具入門 II ——敲打・鎖上・完成

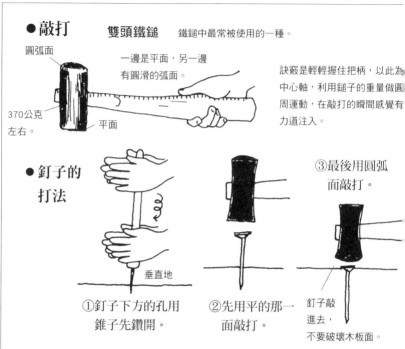

●敲打

雙頭鐵鎚　鐵鎚中最常被使用的一種。

圓弧面

一邊是平面，另一邊
有圓滑的弧面。

訣竅是輕輕握住把柄，以此為
中心軸，利用鎚子的重量做圓
周運動，在敲打的瞬間感覺有
力道注入。

370公克
左右。　平面

●釘子的
　打法

③最後用圓弧
面敲打。

垂直地

①釘子下方的孔用
錐子先鑽開。

②先用平的那一
面敲打。

釘子敲
進去，
不要破壞木板面。

●釘子長度的選擇法

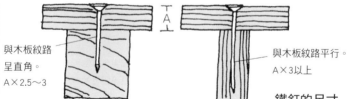

與木板紋路
呈直角。
A×2.5～3

與木板紋路平行。
A×3以上

鐵釘的尺寸

名稱	L（mm）	d（mm）
N19	19	1.50
N22	22	1.50
N25	25	1.70
N32	32	1.90
N38	38	2.15
N45	45	2.45

●釘子的種類

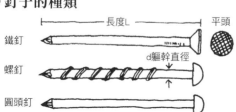

長度L　　　　平頭

鐵釘

d軀幹直徑

螺釘

圓頭釘

● 鎖上

螺絲起子

一字

十字

將螺釘鎖緊或鬆開。
配合螺釘頭部的溝紋，
分別使用一字或十字。
要使用適合溝紋大小的尺寸。
起子頭可以更換的比較方便。

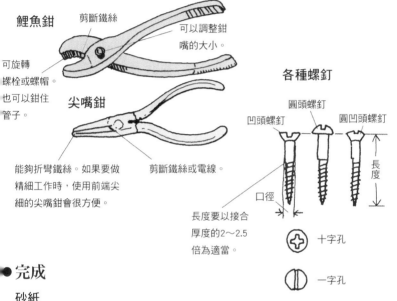

鯉魚鉗

剪斷鐵絲

可以調整鉗
嘴的大小。

可旋轉
螺栓或螺帽。
也可以鉗住
管子。

尖嘴鉗

能夠折彎鐵絲。如果要做
精細工作時，使用前端尖
細的尖嘴鉗會很方便。

剪斷鐵絲或電線。

各種螺釘

凹頭螺釘　圓頭螺釘　圓凹頭螺釘

長度

口徑

長度要以接合
厚度的2～2.5
倍為適當。

十字孔

一字孔

● 完成

砂紙

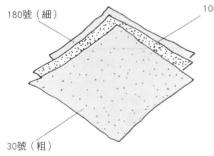

180號（細）

30號（粗）

100號（中等）
圓滑切口或尖角時使用。
號碼越大就越細緻。

使用時從粗糙的開始使用，
最後以細緻的來完成。
只要有三種，
大抵上就可以了。

捲在木片等東西上使用會較方便。

貼襖紙 ——簡單的貼法

譯註：襖，日式紙拉門，整面鋪紙，區隔室內空間用。不需考慮採光的問題，可以隨時拆卸。

不拆卸木框就能貼上的最簡單方法，試試看吧。

●換貼的順序

需準備的物品　　●熨貼用襖紙　●美工刀　●鐵尺
　　　　　　　　●尖嘴鉗（或是鑷子）

①拔掉固定的鐵釘，將拉把拆下。

釘子拔不出來的時候，將螺絲起子前端插進下方，利用槓桿原理，將釘子往上提。

②放上襖紙。以熨斗從中心往外熨燙，排開空氣貼上。

③直尺沿著木框內側貼住，將超出的紙切除。刀子的內側要朝向木框來切。

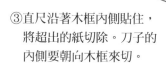

直尺要朝著木框貼合。

木框

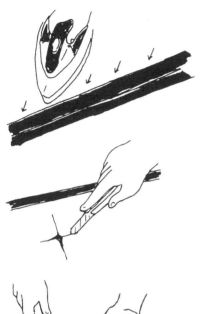

④利用熨斗的尖端,將紙切口緩緩地跟木框的邊緣接好。

⑤門把部分的凹處,用美工刀切開一個×的記號。

⑥釘入釘子,最後用較大的鐵釘抵住這些釘子敲打,完整地固定門把。

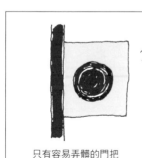

貼襖紙的要點

全部噴上一層防水噴霧後,汙垢就很容易去除。

只有容易弄髒的門把部分,貼上其他花色的紙。

貼障子紙——基本與訣竅

譯註：障子，也是隔間用的門、窗，但是需要考慮採光的問題，因此是用「和紙」貼在木條上，是一種格子的紙窗或紙門。

舔了手指後在拉門紙上戳一個小洞，把剛換好的拉門弄破招來一頓痛罵……。你有過這樣的回憶嗎？

傳統的和式拉門，已經逐漸減少了。如果家裡還有發黃的拉門，那麼就試著換換看吧。一定會讓屋子與心靈都明亮起來的。

●換貼的順序

〈將舊紙剝除〉

①用噴霧或沾水的抹布、毛刷等，溶解貼在木條上的漿糊。

②漿糊軟化後，從下方開始往上剝除。

拉門的木條

③用抹布擦拭木條，等待木條變乾。

〈貼障子紙〉 雨天或溼度高的天氣較容易做。

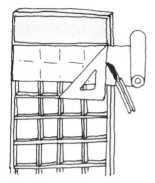

①市售的澱粉漿糊，
  以水稀釋成粥一樣的濃度。
②將拉門框倒立放置，從上方開始
  以紙幅比對，並在木條上塗漿糊。
  使用毛刷輕拍木條的部分是訣竅。
③滾動拉門紙貼在門上，
  再用刀子輕輕抵住割下。
④用手指將紙壓向木條，仔細貼牢。

倒放拉門再貼，這樣紙張重疊的地方
就會向下，也不易積灰塵了。

如果是自己一個人貼就橫擺，
從上往下貼會較容易。

⑤整面噴上噴霧。

⑥等到全乾再將拉門裝回去。

距離30公分左右噴水，就能夠噴得很均勻了。

也有用乙烯或
塑膠加工的拉
門紙。也有些
會附漿糊。

換紗窗網 ——換法很簡單

家裡的紗窗是不是已經被灰塵堵住、裂開或破掉呢？在開窗的季節來臨之前，試著自己換換看吧。就算是初次嘗試，也能意外簡單地就完成了。

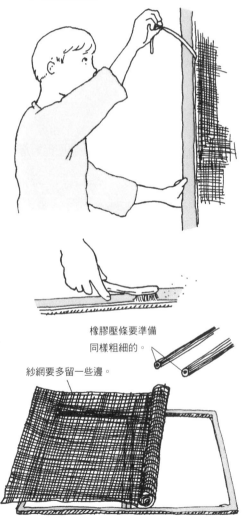

橡膠壓條要準備同樣粗細的。

紗網要多留一些邊。

需要準備的物品

- **新紗網**
  有92公分寬與140公分寬兩種。一定要先量過尺寸再購買。

- **橡膠壓條**
  粗細要跟原來的一樣。

- **刀子**

- **壓尺**

- **舊牙刷**

- **螺絲起子**

①將螺絲起子插入紗窗的橡膠壓條，挑出一部分，接著全部拉出。

②由下方壓住紗網，從窗框上除下，接著以牙刷清理橡膠壓條的溝槽。

③打開新紗網置於窗框上比對尺寸。
取1條橡膠壓條，保留兩端與邊貼合的長度量好後剪下。

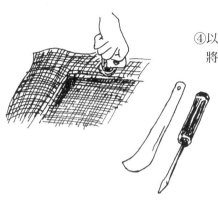

④以專用的按壓滾輪或螺絲起子，
　將橡膠壓條塞進壓條溝槽裡。

讓紗網有點浮起且鬆弛，那麼
在塞其他邊的時候，緊繃度才
會剛好。

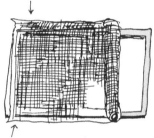

⑤先塞好一邊，下一邊要從對邊開
　始塞橡膠壓條固定。

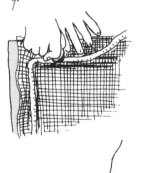

⑥兩邊都固定了之後，將壓條壓進
　彎角，固定住鄰邊。將多餘的壓
　條切掉，最後塞進溝槽裡。

⑦超出溝槽外的紗網，用美工刀貼
　合窗框將紗網割下。

滴答、滴答⋯⋯明明已經關緊的水龍頭，是不是依然滴著水呢？就算只有少量的水，1個月也會滴滿5個浴缸的哦。如果知道墊圈的換法，那麼修理就易如反掌了。

● 替換墊圈

明明已經將把手拴緊了，出水口卻還是不斷地滴水，那是因為墊圈已經耗損了。換上一個新的墊圈吧。

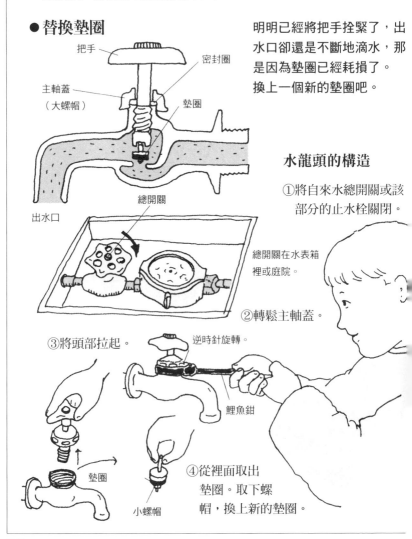

把手

密封圈

主軸蓋
（大螺帽）

墊圈

總開關

出水口

水龍頭的構造

①將自來水總開關或該部分的止水栓關閉。

總開關在水表箱裡或庭院。

②轉鬆主軸蓋。

③將頭部拉起。

逆時針旋轉。

鯉魚鉗

墊圈

④從裡面取出墊圈。取下螺帽，換上新的墊圈。

小螺帽

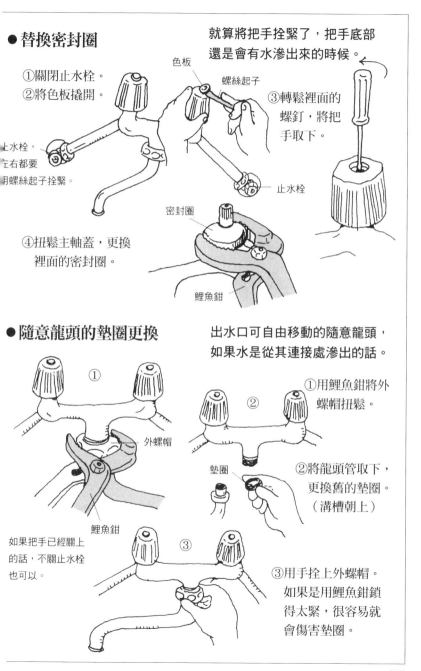

● 替換密封圈

就算將把手拴緊了，把手底部還是會有水滲出來的時候。

①關閉止水栓。
②將色板撬開。

色板

螺絲起子

③轉鬆裡面的螺釘，將把手取下。

上水栓，
左右都要
用螺絲起子拴緊。

止水栓

密封圈

④扭鬆主軸蓋，更換裡面的密封圈。

鯉魚鉗

● 隨意龍頭的墊圈更換

出水口可自由移動的隨意龍頭，如果水是從其連接處滲出的話。

①

外螺帽

鯉魚鉗

如果把手已經關上的話，不關止水栓也可以。

②

①用鯉魚鉗將外螺帽扭鬆。

墊圈

②將龍頭管取下，更換舊的墊圈。（溝槽朝上）

③

③用手拴上外螺帽。如果是用鯉魚鉗鎖得太緊，很容易就會傷害墊圈。

廁所與排水管——修理法

想要沖的時候水出不來、水流個不停，還有最令人傷腦筋的廁所阻塞……等，這種種恨不得早一點修好的問題，別急，讓我們來找出原因吧。

● 廁所的問題

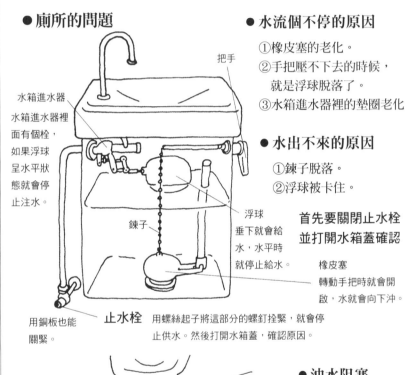

把手

水箱進水器
水箱進水器裡面有個栓，如果浮球呈水平狀態就會停止注水。

浮球
垂下就會給水，水平時就停止給水。

鍊子

橡皮塞
轉動手把時就會開啟，水就會向下沖。

止水栓　用螺絲起子將這部分的螺釘拴緊，就會停止供水。然後打開水箱蓋，確認原因。

用銅板也能關緊。

● 水流個不停的原因

①橡皮塞的老化。
②手把壓不下去的時候，就是浮球脫落了。
③水箱進水器裡的墊圈老化

● 水出不來的原因

①鍊子脫落。
②浮球被卡住。

首先要關閉止水栓並打開水箱蓋確認

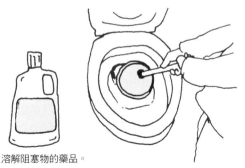

溶解阻塞物的藥品。

● 沖水阻塞

將馬桶吸把下壓，吸住後往上抽起，反覆這個動作。

如果還是不行，就使用通樂，然後再次使用馬桶吸把。

●排水管的問題

●漏水 用布仔細擦拭排水管，緩緩地讓水流下，查出漏水的地方。

螺帽上方用布蓋著，以扳手轉緊。
如果轉緊了還是沒有改善，那就是墊圈老化了。

螺帽

P型管

鬆開螺帽之後，裡面會有橡膠墊圈，要更換一個新的。

S型管

U型管

鬆開螺帽的時候，地上要放置臉盆來接漏出來的水。

●排水口的問題

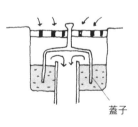

水管清潔劑

中性洗劑

蓋子

●水排不掉的時候

①撒上中性洗劑，並倒下熱水。
②使用水管清潔劑等藥品。
③使用鐵絲狀通管器。

●逸出臭味

將蓋子取出，清理排水口內部。

電器工具——修理身邊的物品

也許你會認為修理電器看起來很困難。沒錯，任意地亂動電器製品，是有危及性命的風險。但是，也有不需要送到電器行就能完成的工作，而且試做一下會意外地令人感到簡單。就從身邊的電器開始修理吧。

●很方便的修理工具、修理器具

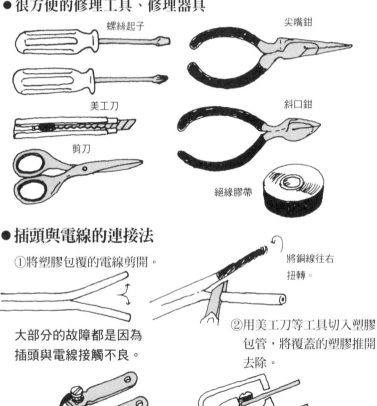

螺絲起子

尖嘴鉗

美工刀

斜口鉗

剪刀

絕緣膠帶

●插頭與電線的連接法

①將塑膠包覆的電線剪開。

將銅線往右扭轉。

大部分的故障都是因為插頭與電線接觸不良。

②用美工刀等工具切入塑膠包管，將覆蓋的塑膠推開去除。

③纏繞銅線，固定在螺絲上。

④放入插頭中，合上2片蓋子，用螺絲鎖好。

● 延長線與電線連接

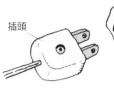

插頭

插座

比起將不同的銅線重新纏繞接起，利用延長線的插頭與插座連接會比較安全。

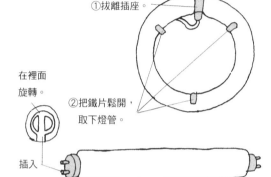

甜甜圈型

①拔離插座。

● 燈管的換法
電源開關要先關上。

在裡面旋轉。

②把鐵片鬆開，取下燈管。

插入

使用這種創意的拉繩開關。

握著兩端，旋轉一下，就會聽到燈管喀一聲脫落。要裝上時就反過來轉。

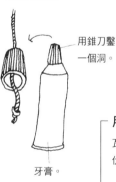

用錐刀鑿一個洞。

牙膏。

用電的基礎知識

瓦特（W）是電的功率能量。

伏特（V）是電壓，一般家庭是110V

（乾電池是1.5V）

安培（A）是電流。各家庭都會有固定的契約安培數。

$$A = \frac{W}{V}$$

例如 $10A = \frac{400W + 600W}{100V}$

如果同時用400W與600W的電器製品就會滿載了，

再多用的話遮斷器就會落下，保險絲會跳掉。

刷油漆 I ——油漆與刷子的使用法

將桌子、架子、椅子、四周的小物品塗上不同的顏色，光是這麼做，房間的氣氛就會大大不同。只要一開始試過一次，說不定就會上癮。

● 油漆的基礎知識

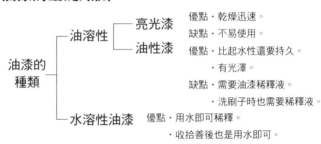

油漆的種類

油溶性 ─┬─ 亮光漆　優點・乾燥迅速。
　　　　　　　　　　缺點・不易使用。
　　　　└─ 油性漆　優點・比起水性還要持久。
　　　　　　　　　　　　・有光澤。
　　　　　　　　　　缺點・需要油漆稀釋液。
　　　　　　　　　　　　・洗刷子時也需要稀釋液。

水溶性油漆　優點・用水即可稀釋。
　　　　　　　　・收拾善後也是用水即可。
不只是室內使用，連室外使用率也增加了。

● 熟練刷漆的訣竅

①在晴天時刷油漆比較好。
②將塗面的灰塵、鐵鏽、汙垢及凹凸都排除乾淨。
③一開始用噴漆會較簡單。
④調色要使用同一種廠牌。在淺色裡慢慢加入少量的深色。
⑤先少量分出一點，顏色測試過後再做大量的調色。

● 刷子的種類與使用法

刷毛種類中的黑色與茶色，適合質地強韌的油性漆。
水性漆則使用白且柔軟的刷毛。

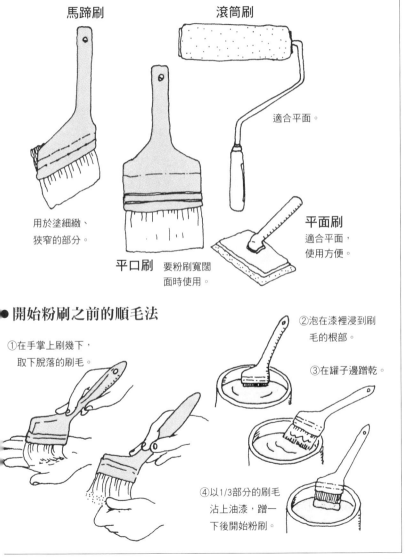

馬蹄刷

用於塗細緻、
狹窄的部分。

平口刷 　要粉刷寬闊
　　　　　面時使用。

滾筒刷

適合平面。

平面刷
適合平面，
使用方便。

● 開始粉刷之前的順毛法

①在手掌上刷幾下，
　取下脫落的刷毛。

②泡在漆裡浸到刷
　毛的根部。

③在罐子邊蹭乾。

④以1/3部分的刷毛
　沾上油漆，蹭一
　下後開始粉刷。

刷油漆 II ——熟練的粉刷法

●第一次就不失敗的噴漆使用法

①充分搖勻。

②距離目標20～30公分，以每秒
20～30公分的移動速度噴灑。

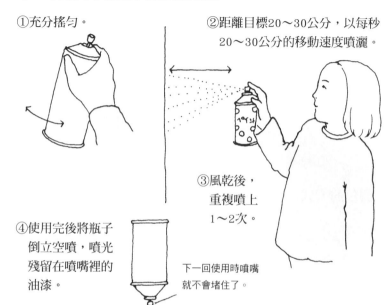

③風乾後，
重複噴上
1～2次。

④使用完後將瓶子
倒立空噴，噴光
殘留在噴嘴裡的
油漆。

下一回使用時噴嘴
就不會堵住了。

●基本塗刷

①首先直立地依序刷上4～5道油漆。
②不沾油漆橫著刷。
③再度直立刷後便完成了。

刷漆的接痕，不要
在眼睛的高度就不
會顯眼了。

● 滾筒刷的刷法

①以W字型將油漆刷上。

②在上方1/3～1/4處重疊並上下滾刷。

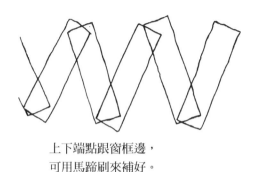

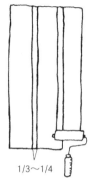

上下端點跟窗框邊，可用馬蹄刷來補好。

1/3～1/4

● 調色的方式

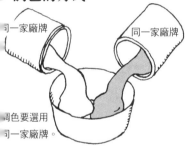

同一家廠牌

同一家廠牌

調色要選用同一家廠牌。

一點點加入深色。

基本顏色是淺色。

● 刷子的收拾法

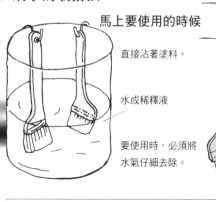

馬上要使用的時候

直接沾著塗料。

水或稀釋液

要使用時，必須將水氣仔細去除。

收拾的時候

用完的刷子要朝下掛起晾乾。
使用完畢後，要馬上用水或稀釋液沖洗，直到刷毛內側也都軟化。

也許你覺得貼壁紙是專家的工作。可是最近，市面上已經有販賣各種初次嘗試也能做得很好的材料。就來試一試吧。

● 先挑戰紙製的壁紙

對於初學者來說，貼纖維壁紙有點困難，所以就選用表面加工良好的紙製壁紙吧。紙的尺寸大約橫52公分，接近人的肩寬，所以容易貼。而長度則選擇5～10公尺的即可。

貼紙依照內側加工的不同，分成3種　①郵票式（黏膠已經塗在背面，只要沾水即可貼上）　②貼紙式（只要撕掉背面的紙即可貼上）　③塗膠式（要自己塗上漿糊）。

雖然貼紙式看起來很簡單，但是一旦貼上，想要撕下調整就不容易，所以要貼得好反而很困難。

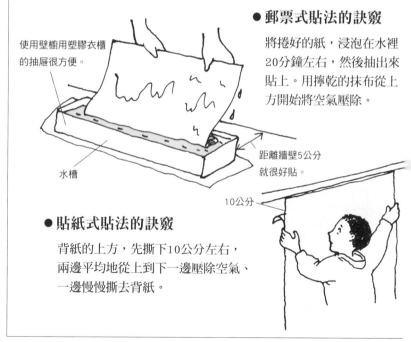

使用壁櫥用塑膠衣櫃的抽屜很方便。

水槽

● 郵票式貼法的訣竅

將捲好的紙，浸泡在水裡20分鐘左右，然後抽出來貼上。用擰乾的抹布從上方開始將空氣壓除。

距離牆壁5公分就很好貼。

10公分

● 貼紙式貼法的訣竅

背紙的上方，先撕下10公分左右，兩邊平均地從上到下一邊壓除空氣、一邊慢慢撕去背紙。

● 塗膠式壁紙的基本貼法

①先測量牆壁的長度，如果有花色要配合花色，
買比牆壁多20％長度的壁紙。

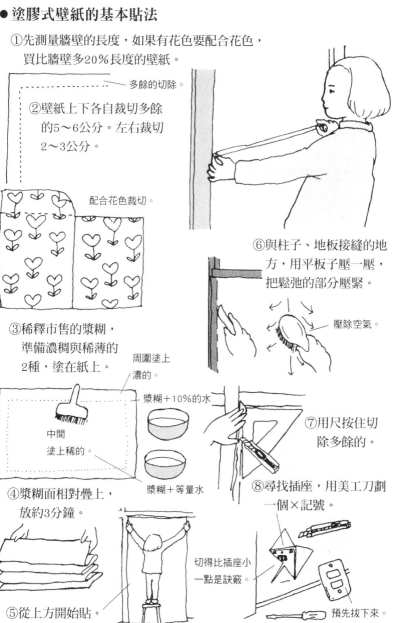

- 多餘的切除。

②壁紙上下各自裁切多餘
的5～6公分。左右裁切
2～3公分。

配合花色裁切。

③稀釋市售的漿糊，
準備濃稠與稀薄的
2種，塗在紙上。

周圍塗上
濃的。

漿糊＋10％的水

中間
塗上稀的。

漿糊＋等量水

④漿糊面相對疊上，
放約3分鐘。

⑤從上方開始貼。

⑥與柱子、地板接縫的地
方，用平板子壓一壓，
把鬆弛的部分壓緊。

壓除空氣。

⑦用尺按住切
除多餘的。

⑧尋找插座，用美工刀劃
一個×記號。

切得比插座小
一點是訣竅。

預先拔下來。

窗簾——簡單的作法

只是把已經完成的窗簾買回家掛起來，實在很無趣。如果有自己喜歡的布料，就自己做做看吧。只要知道製作窗簾的基本方法，接著就努力把它做出來吧。

● 半腰窗與落地窗

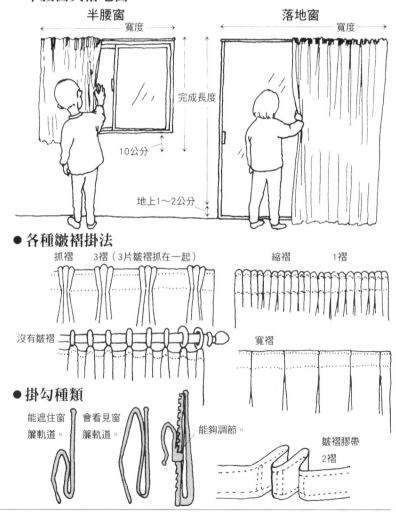

半腰窗　　寬度

落地窗　　寬度

完成長度

10公分

地上1～2公分

● 各種皺褶掛法

抓褶　　3褶（3片皺褶抓在一起）　　縮褶　　1褶

沒有皺褶

寬褶

● 掛勾種類

能遮住窗簾軌道。

會看見窗簾軌道。

能夠調節。

皺褶膠帶
2褶

●尺寸的測量法

寬度＝窗簾軌道的長度＋10公分（讓兩邊都有多餘空間）
完成長度＝軌道下方溝槽算起至窗下10公分……半腰窗
　　　　　軌道下方溝槽算起至地上1～2公分……落地窗

●必要的用布量

長＝（完成長度＋上部反摺10公分＋下襬反摺15公分）×幅數
幅＝寬度×2倍（抓褶、2褶）
　　寬度×3倍（3褶的蕾絲料）
　　寬度×2.2倍（3褶的布料）

> 例如　180cm×180cm的窗戶，要用90公分寬的布製作2褶的
> 　　　窗簾時。
> 　　　幅＝（180＋10）×2÷布幅90公分＝4.2……約5幅
> 　　　長＝（180＋10＋15）×5＝1025公分……必要的長度

●作法

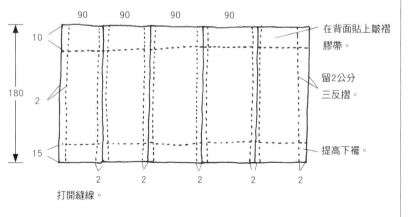

在背面貼上皺褶膠帶。

留2公分三反摺。

提高下襬。

打開縫線。

地毯——鋪法

鋪地毯這件事本來覺得很麻煩，但是因為最近增加了一些店家，只要我們將寫上尺寸的房間圖拿到店裡，店家就會連角落都幫我們裁得剛剛好。如果我們拿到這樣的地毯，要鋪就很簡單了。

●基本鋪法

①將雙面膠（地毯用）貼在地板的周圍。

②攤開地毯，確認大概的位置。

③小的凹凸，用剪刀剪開。

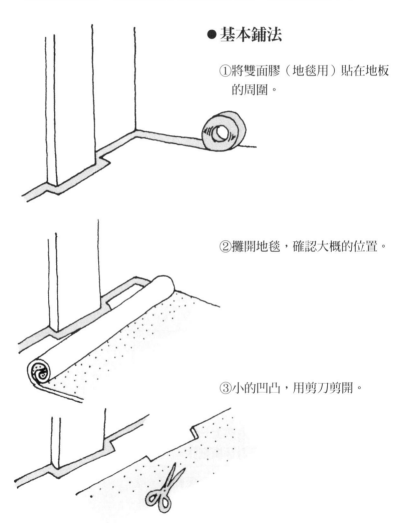

要在自家中裁剪的話，可利用兩塊木板
及美工刀比較容易裁切。

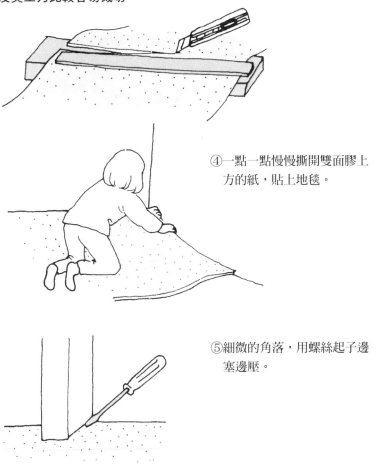

④一點一點慢慢撕開雙面膠上
　方的紙，貼上地毯。

⑤細微的角落，用螺絲起子邊
　塞邊壓。

要鋪榻榻米房間的時候，先墊上一層防潮紙或報紙，
以免地毯下方發霉。要記得替換紙張。

新的地毯容易掉毛，要常用吸塵器吸乾淨。

身邊小物品的修理法

只要花一點小小的功夫，或是少少的時間，就能夠清理得煥然一新，或者能夠讓物品用得更順手。現在就來瞭解一下你身邊小物品的修理法吧。

● 破掉的陶瓷器

將陶瓷器專用的瞬間膠，塗在兩邊的接口上，將它們貼合。

● 折彎的傘骨

三爪骨

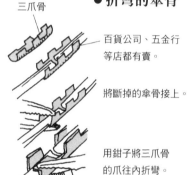

百貨公司、五金行等店都有賣。

將斷掉的傘骨接上。

用鉗子將三爪骨的爪往內折彎。

● 藤製品的脫落

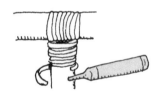

①取下鬆開的地方，泡水約20分鐘，會比較好整理。

②重新纏上、折好，再塞進纏繞好的地方。

③等藤枝乾後，再用接著劑補強。

● 榻榻米的燒焦痕跡

用含雙氧水的抹布擦拭，使其褪色。

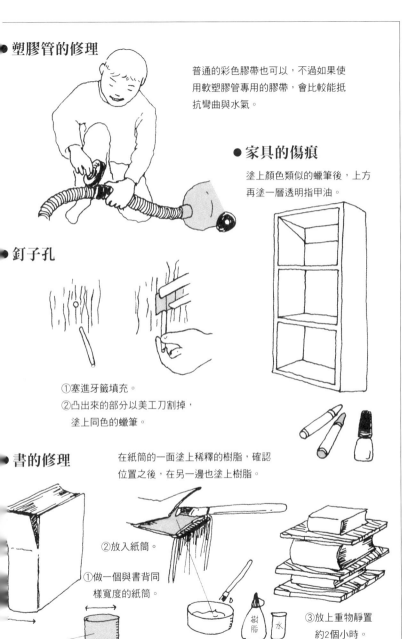

● 塑膠管的修理

普通的彩色膠帶也可以，不過如果使用軟塑膠管專用的膠帶，會比較能抵抗彎曲與水氣。

● 家具的傷痕

塗上顏色類似的蠟筆後，上方再塗一層透明指甲油。

● 釘子孔

①塞進牙籤填充。
②凸出來的部分以美工刀割掉，塗上同色的蠟筆。

● 書的修理

在紙筒的一面塗上稀釋的樹脂，確認位置之後，在另一邊也塗上樹脂。

②放入紙筒。

①做一個與書背同樣寬度的紙筒。

書背的寬度

用水稀釋樹脂

樹脂　水

③放上重物靜置約2個小時。

腳踏車——基本的修繕

每天都要騎的腳踏車，是不是很久疏於照顧了呢？腳踏車再怎麼堅固，為了預防生鏽，也為了能更安全地騎乘，千萬不要疏忽了修繕！就來瞭解維持腳踏車嶄新風貌、舒適奔馳的要訣吧。

●基本的修繕

①將烤漆部分的汙泥擦掉，塗上薄薄一層蠟。

②用乾布擦拭鋼絲跟曲柄。

鈴
把手
煞車握把
煞車導管
座墊
座桿
前煞車器
鋼絲
鍊條
曲柄
踏板
輪胎
輪圈（車輪的金屬部分）

×在倒轉曲柄軸與車輪的時候不要上油，有可能會使輪軸用的潤滑油流出來。

×絕對不可以在輪圈上塗蠟，會讓煞車失靈。

③用油擦拭鍊條。
④在支柱部分擦上防鏽液並塗上防鏽漆。

●輪胎容易漏氣的時候

更換橡膠小管。

蓋上
的橡
小管

拔開氣門

● 調整煞車

如果把手部分沒有煞車調整的螺栓時，
就要調整煞車部分的煞車調整螺栓。

①握住煞車握把，往把手方向
　按下1/2左右來確認。

②鬆開煞車調整的2個螺栓。

調整煞車螺栓

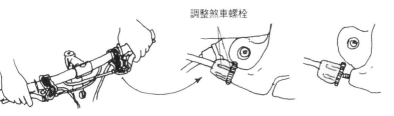

③調節螺栓的位置直到握起來
　鬆緊剛好。

④圓形的螺栓要鎖回原來
　的位置。

● 要仔細詢問店家防鏽劑的
　差異才可區分使用。

對於除鏽與防
鏽有效，也可
用於緩和生鏽
的螺栓。

● 調整警示鈴

生鏽會讓警示鈴
發不出聲音。

把油噴在正中間。

防
鏽
劑

CRC
5-56

除鏽劑

CRC
5-56

會在表面形成
保護膜，完成時使用。

能除去鍍鉛
所生的鏽。

內胎——緊急修理與調整

就算幫輪胎打滿了氣，過了1～2天還是會消掉，這時可能就是爆胎了。方法很簡單，所以試著自己修理吧。

●修理爆胎的方法

修理用工具在五金行等地方都買得到。

①打開氣門嘴放掉空氣。取出內胎。

將扳手或螺絲起子插入輪圈的縫隙中，將輪胎拉起來。
訣竅是將內胎從稍微撬起的地方取出。慢慢滑動扳手，將整個輪胎取下來，並拿出內胎。

②找到爆胎點。

將內胎灌滿空氣，在聽見漏氣聲音的地方，用彩色筆畫個記號。還是找不到的時候，將內胎放在水裡，檢查泡沫跑出來的地方。

③黏上黏膠。

③撕下修理用補丁的鋁片後貼上。

①用比補丁還要大一點的砂紙，在爆胎的部分摩擦。

②黏膠要仔細抹開，等待2分鐘。

④用鎚子等東西敲打，讓貼片完整密合。

⑤貼上一層保護膜

⑥將內胎放回去，要從氣門嘴開始裝上。

314

把手的高度

手臂可以稍微彎曲的程度。

● 選擇適合自己大小的方法

幼兒、兒童車	
車輪（型）	身高（公分）
14型	90～110
16型	95～115
18型	110～130
20型	120～140
22型	130～150
大　人　車	
24型	140～160
26型	150～175
27型	160～185
28型	165～190

坐墊的高度

跨坐在座墊上踩動時，以腳跟能夠完全踩住踏板為基準。

在山路上騎時，要調整成雙腳能夠放下踩到地面。

100～110公釐

坐在腳踏車上，輪胎與地面接觸的寬度。

● 輪胎的空氣壓

車種	車輪（型）	接地面的長度（mm）	乘車體重（kg）
幼兒車	14～18	70～80	27～30
兒童車 迷你腳踏車	20～24	100～110	60
輕快車 運動腳踏車	26～28		

● 調整把手

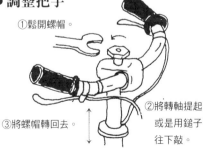

①鬆開螺帽。

③將螺帽轉回去。

②將轉軸提起或是用鎚子往下敲。

● 座墊的調整

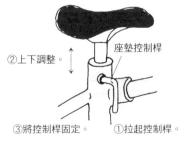

②上下調整。

座墊控制桿

③將控制桿固定。

①拉起控制桿。

315

不悅耳的聲音——隔音對策

不光是住在公寓或大廈的住戶，只要是與人為鄰共同生活，就會發覺周遭有不少令人不舒服的聲音。至少要對比鄰而居的同伴們多一點顧慮，以免噪音公害傷害彼此的情誼。

●即使關係親密也要有禮貌

雖然因彼此的關係親近，但對方也不見得什麼都會說出來，反而會不好啟齒。如果因為要施工等會製造噪音的時候，事先知會或告罪都是一種禮貌。

●隔音法

地板鋪上地毯。

防震墊片

電器的震動聲也很吵。

彈鋼琴彈到晚上9點為止。

冷氣室外機的聲音在晚上會特別清楚，所以要善用定時裝置，不要開一整個晚上。

排水管、排氣管會傳遞聲音，所以不要半夜洗衣。

套子

電視或喇叭要稍離牆壁。

拖拉家具的聲音也會令人不快。

貼上不織布或包上套子。

利用窗簾消音。

整理

有沒有人光是聽見「整理」一詞，就會反射性地抗拒呢？越是想整理，就會越陷入泥沼而更加凌亂，這又是為什麼呢？

首先，把混亂不堪的思緒整理一番，好好想想吧。

聰明收拾入門——整理的訣竅

不知不覺間，已經亂得連站的地方都沒有了，於是對自己說「來整理吧」，而且也開始收拾了？做完後累得要命，於是越來越討厭整理。其實我也是一樣，所以深知其苦。到底要怎麼做才能做得好呢？收拾高手似乎有一點點小撇步哦。

●轉換想法吧！

| 其1 | 收起來→容易取出 |

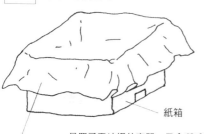

常用物品用容易拿取的收拾法是訣竅。

| 其2 | 凹凸→口 |

凹凸的部分互相組合，就會減少容易卡東西及難拿東西的縫隙。

| 其3 | 直→橫 |

難以搆到收拾的地方，如果把它打橫，就會容易整理。收納家具的放置法也要下點功夫。

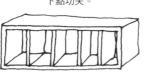

比起收拾，要思考使用的方便性。

| 其5 | 買→再利用 |

| 其4 | 要、不要→保留 |

擅長整理也可以說是擅長丟棄。沒辦法馬上丟掉的東西，先收拾起來，半年後再確認要不要丟。不要四處分散是訣竅。

紙箱

垃圾袋

一旦買了丟垃圾的容器，又會礙手礙腳的。如果使用紙箱，就可以連同紙箱一起丟掉，一石二鳥。

其6 單獨→聚集

依照使用目的或放置場所等共通點，
來將物品聚集在一起收納。

其7 藏起來→露出來

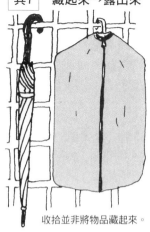

收拾並非將物品藏起來。

其8 收拾→使用

取代桌腳

如果地方寬闊，可以把四散的雜誌，收集
相同型態的疊在一起，讓它們發揮功效。

其9 重疊→吊掛

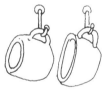

如果疊在一起會很不穩定的物品，就
將它吊掛在空間裡。並不是由下往上
堆，而是以由上往下放的思考模式。

其10 變動→固定

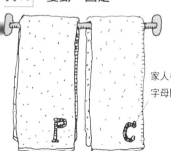

家人名字
字母開頭

繡上名字或貼上貼紙等，做個容易物歸原位的記號。

其11 不定形→定形

不集中的物品，將它們放在同樣形狀的容器中，
外觀就會整齊劃一不會看起來很凌亂了。

319

簡單生活——持有物品的清單

你的家裡，到底有多少的「物品」呢？一家四口的小家庭裡，平均會有2500件左右的物品，據說是塞滿6個壁櫥的分量，而且會逐漸增加。為了要盡全力整理，就先試著列出清單吧。

例如

衣物（夫婦） 400～500件（內衣褲、手帕、西裝、毛衣、襪子……）

子女用品 450件左右（衣物、玩具、書……）

廚房用品 500～600件（餐具、料理工具……）

玄關用品 60件左右（鞋子、雨傘、高爾夫用具……）

寢具用品 50件左右（棉被、毯子、床單、枕頭……）

客廳用品 150件左右（音響、電視、洋酒、玻璃杯……）

化妝品 90件左右（口紅、香水、頭髮用品……）

家事、廁所 300件左右（洗臉用具、緊急外出袋、急救箱…）

光是小孩子的東西，就多得令人吃驚。每一位家人，對於自己的東西要重新審視，就從這裡開始吧。

● 試著做出持有物品的數量表格

1 生活必需品（生活起居不可或缺的物品）

每天使用	
偶爾用到	
季節使用	
特別時機使用	
保留	

● 只有特別時機才會用到的物品，要確認那是到時候借不到的。

● 因為成長或喜好改變而不用的物品，就淘汰。

2 心靈財產（興趣、紀念品）

不能沒有的 必需品	
想留下來的 必需品	
保留	

保留的部分，每隔半年、1年就要重新檢查，一次都沒有用過或是根本沒拿出來過的物品，就要考慮處理掉。物品不要留下，照張照片留下來，讓更有需求的人去使用，要從這個角度去想。

做一份與1、2一樣的大型表格，檢查自己到底擁有哪些物品。在寫的過程，就能夠重新考慮必要性。

書桌裡面，是不是還留著小時候的玩具等東西呢？

小孩房—— 收拾創意

不是廚房，也不是客廳，想想你的房間、小孩房間的功能吧。
①收藏私人物品 ②讀書 ③睡覺 ④遊戲、起居。將目標設定
成重視目的的簡單生活風格，那麼房間也就能整理得很清爽了。

● 利用牆面的收納空間

用窗簾區隔收納空間

層架家具

曬衣桿

將整理櫃橫放，當成沙發與收納櫃。

將保特瓶切成一半。

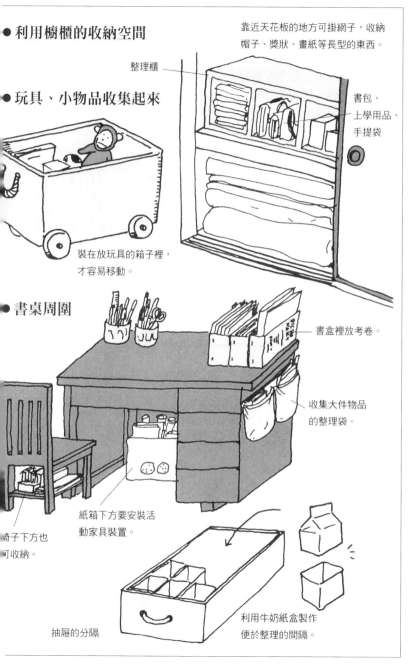

● 利用櫥櫃的收納空間

靠近天花板的地方可掛網子，收納
帽子、獎狀、畫紙等長型的東西。

整理櫃

● 玩具、小物品收集起來

書包、
上學用品、
手提袋

裝在放玩具的箱子裡，
才容易移動。

● 書桌周圍

書盒裡放考卷。

收集大件物品
的整理袋。

紙箱下方要安裝活
動家具裝置。

椅子下方也
可收納。

抽屜的分隔

利用牛奶紙盒製作
便於整理的間隔。

323

便於生活的尺寸——人體工學

我們能夠舒適地生活，是因為我們處在適合人類大小、能夠舒適活動的空間。榻榻米或房間、家具的大小等，其實都是為人類量身打造的。這就是人體工學。當環境凌亂而讓生活變得困難，正是因為打破了這樣的平衡所致。你的房間又是如何呢？

榻榻米 譯註：日本以榻榻米作為面積計量單位。

成人呈大字形躺下的大小，大約就是2疊（1坪）。

日本自古流傳下來的「寸」這個單位，就是以人體為基準，最原始的人體工學。原本1寸是以食指彎曲後，第一關節與第二關節之間的長度，大約是3公分。

另一方面，公尺的算法，是以地球子午線的4000萬分之1為1公尺，是以環境做為基準。

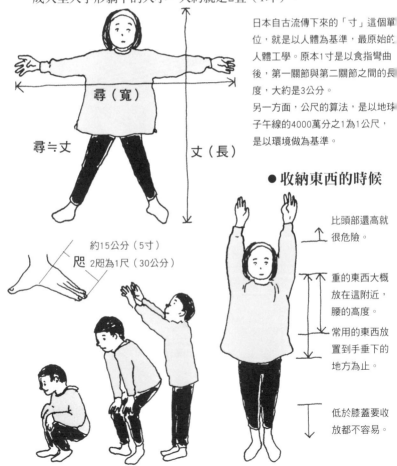

尋（寬）

尋≒丈

丈（長）

約15公分（5寸）

2咫為1尺（30公分）

● 收納東西的時候

比頭部還高就很危險。

重的東西大概放在這附近，腰的高度。

常用的東西放到手垂下的地方為止。

低於膝蓋要收放都不容易。

● 方便活動的尺寸基準

如果沒有人在對面，要與前方保留40公分的距離。

坐在書桌前工作的時候，1人大約需要左右共60公分的距離。

使用有扶手的椅子時，需要75公分的空間。

拉開椅子時，必須要有60～80公分的空間。

坐在地板上的時候，為了從後方通過的人著想，要拉開40～50公分。

後方有人通過時，要給予60～80公分的寬度。

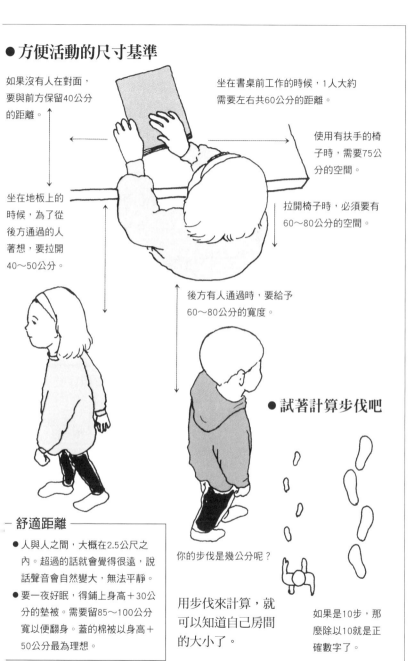

● 試著計算步伐吧

你的步伐是幾公分呢？

用步伐來計算，就可以知道自己房間的大小了。

如果是10步，那麼除以10就是正確數字了。

— 舒適距離 —

● 人與人之間，大概在2.5公尺之內。超過的話就會覺得很遠，說話聲音會自然變大，無法平靜。

● 要一夜好眠，得鋪上身高＋30公分的墊被。需要留85～100公分寬以便翻身。蓋的棉被以身高＋50公分最為理想。

收納的基準——方便收拾的條件

很多人都是因為拿出來的東西很難收回去,而對收拾感到傷腦筋。容易收納的大小,以及為了收拾容易活動的空間是必須的。配合自己所擁有的物品,想一想容易收納的方法吧。

●物品的大小約分為五種

若以人體尺寸為基準的話,大抵可以分為以下5種。
收納重點在深度。

①棉被類	90公分
②衣物	60公分
③雜貨、掃除工具	45公分
④餐具	30公分
⑤書、相簿	23公分

重點就是要收到深度適當的收納地點。

●收放都方便的基準

上下的高度,是從自然舉起手臂的地方開始,到手自然垂下後的指尖處,這樣才容易收拾。特別是頻繁收放的物品,要收到大約眼睛的高度。

寬度與深度都要在手可以構到的範圍,盡可能將手肘當中心,能輕鬆構到的地方才容易收納。

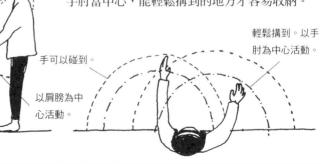

手可以碰到。

以肩膀為中心活動。

輕鬆構到。以手肘為中心活動。

● 收放所必要的空間

一旦拿出來就再也放不回去，那可傷腦筋了。

為了容易收納，適度的空間是重點。

餐具櫃

前排留下空間。

如果收納成前後兩排的話，前排要
放低一點，且留下容易取得後排物
品的空間。

留下手能伸進去以及
上下的空間。

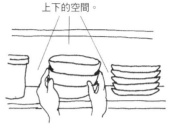

棉被的收放需要110公分。

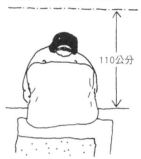

110公分

要拉出衣櫃需要90公分。

90公分

90公分

換衣服需要110公分。

110公分

收納的創意集——清爽的訣竅

有些意想不到的地方，只要下點功夫就能變成很棒的收納空間，而房間裡面還隱藏了不少這種地方。一邊收納，一邊做出一個嶄新的房間也是一石二鳥的好方法。仔細巡視自己的房間吧。

● 各種創意

床底下

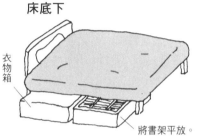

衣物箱

將書架平放。

重的物品下要裝上活動家具裝置。

製作書架的時候試著做成曲線式

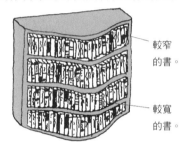

較窄的書。

較寬的書。

玄關的牆壁

利用毛巾架。

將冬季棉被捲起來。

直放滑雪板或運動用品也很方便。

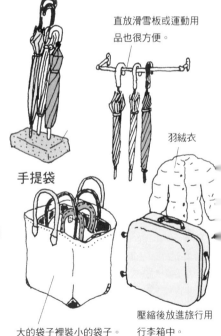

羽絨衣

簡易沙發

夏季變身成沙發來收納。

手提袋

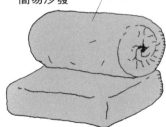

大的袋子裡裝小的袋子。

壓縮後放進旅行用行李箱中。

● 容易忽略的空間

①家具下方　②樓梯下方　③牆面　④門後　⑤天花板
⑥物品的內部　⑦家具的裡側

吊掛資料整理

將透明塑膠資料夾掛起來，裡面用袋子分別放置要交給學校的資料等。

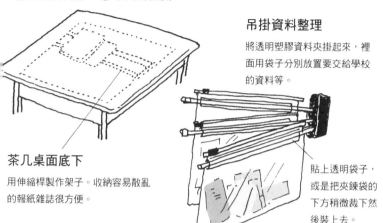

茶几桌面底下

用伸縮桿製作架子。收納容易散亂的報紙雜誌很方便。

貼上透明袋子，或是把夾鍊袋的下方稍微裁下然後裝上去。

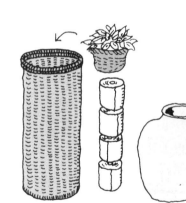

擺飾物品或花瓶的內部

將修理工具或更換小道具收進去，就不會忘記收在哪裡而慌張了。

套子裡

放入捲筒衛生紙。上面如果放一盆觀賞植物，對於裝擺飾也很有效果。

面紙空盒

就算放在廁所或洗臉台也可以。放入衛生棉的話，既不顯眼也容易拿取。

綑綁——基本的捆法

拉起洗衣用的繩子、想把書及報紙捆起來、寄送小包裹…。這種時候，如果能知道如何熟練地打結不鬆掉，那就非常方便了。

● 簡易綁法

書或報紙等容易散亂的物品，只要下點功夫就能簡單綁起來了。

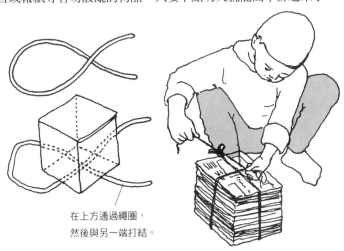

在上方通過繩圈，
然後與另一端打結。

● 用1條繩子綁成不容易鬆散的「井字」捆法

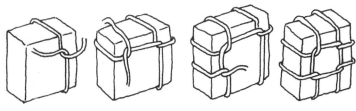

①直立地用繩子先
交叉出十字後繞
到橫側。

②接著再交叉出十
字，這次直立地
繞捲。

③再交叉十字後，
往橫向拉。

④在角落打結。

● 雙套結

以洗衣繩將木頭或柱子綁起來的方便結法。

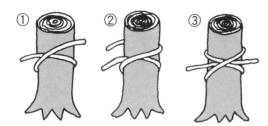

● 單漁人結

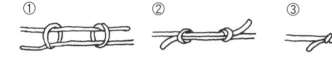

適合容易滑開的繩子或是連接粗細不一的兩條繩子時使用。

● 稱人結（繩結之王）

打出來的圈不會收緊，所以適合捲住身體，或使用在緊急救命的時候。

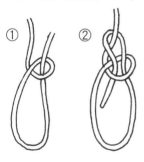

● 滑結

做好的大圈會越拉越小。
適用於打包。

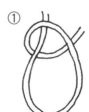

包裝——基本的包法

光是包法的不同，會讓人以為是不同的物品，這就是包裝。除了禮物或裝飾之外，還有其他各式各樣的活用範圍。

● 基本包法（四方形物品的包法）

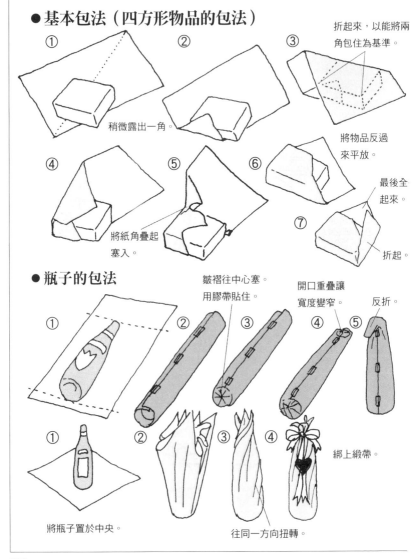

① 稍微露出一角。

②

③ 折起來，以能將兩角包住為基準。

將物品反過來平放。

④

⑤ 將紙角疊起塞入。

⑥ 最後全起來。

⑦ 折起。

● 瓶子的包法

①

② 皺褶往中心塞。用膠帶貼住。

③

④ 開口重疊讓寬度變窄。

⑤ 反折

① 將瓶子置於中央。

②

③

④ 綁上緞帶。

往同一方向扭轉。

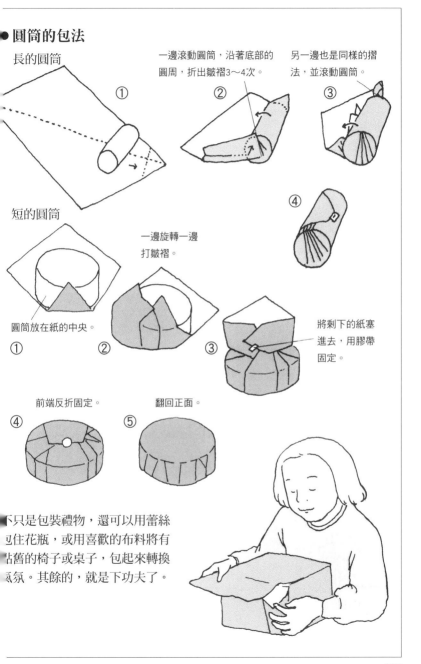

● 圓筒的包法

長的圓筒

①

一邊滾動圓筒，沿著底部的圓周，折出皺褶3～4次。

②

另一邊也是同樣的摺法，並滾動圓筒。

③

④

短的圓筒

① 圓筒放在紙的中央。

一邊旋轉一邊打皺褶。

②

③ 將剩下的紙塞進去，用膠帶固定。

④ 前端反折固定。

⑤ 翻回正面。

下只是包裝禮物，還可以用蕾絲
ㄓ住花瓶，或用喜歡的布料將有
ㄓ舊的椅子或桌子，包起來轉換
ㄓ氛。其餘的，就是下功夫了。

333

綠色裝潢——享受盆栽樂趣的方法

光是放一盆綠色植物，就會很神奇地讓屋裡整個氣氛變得和緩溫柔。來問問花店的人，如何與綠意好好相處，並熟練布置綠意的小提示吧。

●放置法的技巧

總之要放在每天常見的位置。只要常看到，就很自然地能得知植物的狀態，是讓植物活得長久的秘訣。

將大小不均衡的單品與其他做搭配。

小型的觀葉植物，如果使用盆栽用的花盆，也很適合放在室內。

不要各自放在不同的地點，統整一番放在一起試試看。

外側放置小型且會碰到地板的盆栽。

中央放置大型的植物。

無論從上方或下方，只要從裡很打上聚光燈，就算同樣是綠色，也會變得完全不一樣。

●基本照顧

①澆水的基本原則，是土乾的時候，充分澆水直到水流出底部，再倒掉下方盛水盤裡的水。花草容易生病，所以盡量不要讓葉子或花沾到水。

②變黃的葉子要盡快摘除。

③開完的花要立即剪下。

④如果根部已經穿出盆底，就是該換盆的警示。

用牛奶擦拭葉子，會很有光澤。

在室內澆水，要用前端較細的澆水器。

吊盆等觀葉植物如果沒什麼精神了，就連同盆子一起泡在水中。再靜置約□小時，也能一併治療蟲害。

購買時要確認照顧方法，依種類、季節的不同，而有不同的選擇。

觀葉植物的葉子，偶爾灑點水就可以了。

為仙人掌澆水，春秋季要多一點，冬季幾乎不必澆水。

335

有花的生活——享受插花樂趣的方法

就算只有一朵，新鮮的花朵還是有使人心情開朗的神奇力量。依照顧的方法，就能將花保存久一點，而樂趣也能一口氣提高哦。

●基本照顧

①除去泡到水的葉子。
②隨時注意去除水分。
③將莖上的黏稠汁液沖掉，或是剪掉後再插。

●能長久保存的水分吸收法

水裡剪除

幾乎適用所有花卉的方式。
把最底部以上10公分左右的莖浸泡在水裡，在水中剪掉。

做斜面切口，增加與水的接觸面積是其訣竅。

水裡折斷

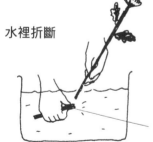

莖部比較硬的菊花、康乃馨、水仙等，在水裡用折的也可以。

從節點折斷。

剪開莖底部

樹枝狀或莖部堅固的花朵，要把底部依十字形剪開。櫻花、杜鵑、茶花、鐵線蓮、洋槐等。

烤

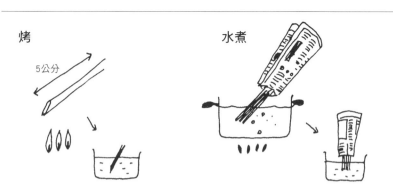

5公分

不太容易吸收水分時，或是看起來
老化時，就將莖的前端5公分左右
烤得幾乎變黑後，泡入水中。

水煮

以報紙保護花或葉子，
將變色的莖浸到水裡。

● **讓花能保存得更久的創意** 做做各種嘗試吧。

一開始剪枝時，儘可
能留長一點來整理。

把漂亮花朵的莖枝
剪下來插。

剩下短的花就裝飾
在籃子裡。

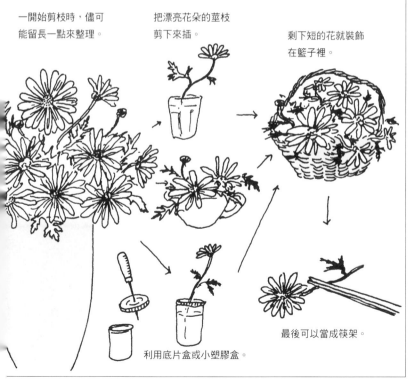

利用底片盒或小塑膠盒。

最後可以當成筷架。

337

稍微在廚房找一下，一定找得到能在短時間內長大、馬上食用，能夠利用迷你菜園種植的植物。試著種出各種各樣的蔬菜，做成生菜沙拉或配料吧。重要的是容器要清潔，要不厭其煩地換水，不要讓它乾掉、腐壞。其他的部分就簡單多了。

● 大豆的芽

1～2週內就能收穫，光用水就能長得很茂盛。

豆芽菜裡，富含了蛋白質、礦物質及維生素。

作法

①用熱水消毒玻璃瓶，將泡水一個晚上的大豆，倒入約2～3公分高。加水，剔除浮起來的豆子，蓋上紗布，用橡皮筋固定。

②只把水倒掉。

③讓豆子均勻散布在瓶中，保存於陰暗處。

④每天重複加水又倒掉的動作2～3次。等豆芽菜能吃的時候就放入冰箱，盡早料理食用。

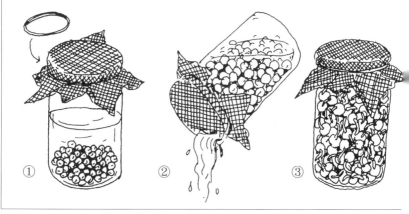

● 芝麻的芽

將浸溼的紙巾或面紙鋪在容器底部,再均勻灑上芝麻不使其重

疊。避開日光,用水噴霧1天1～2次,補
充水分。如果在25度左右的室溫下,10
～15天就會長成適合食用的5～6公分芽
苗。試著做成醋醃漬品或沙拉吧。

● 蛋殼的再利用

蛋殼仔細清洗乾淨,畫上眼睛嘴巴,在裡
面撒上芝麻或苜蓿後,就會像長出頭髮般
地有趣囉。

● 水耕蔬菜

白蘿蔔、美生菜、芹菜、
山葵等,切下來的葉子部分。

葉子如果變黃的話,將全部的葉子
摘下就會長出新的葉子。

用剩的部分可以試
著泡水。白蘿蔔、
洋蔥的葉子適合做
湯的配色蔬菜,胡
蘿蔔的葉子可以用
炒的或是西式奶油
拌炒。

洋蔥

胡蘿蔔

水田芥

339

放學回家的路上，如果小狗被丟在路邊可憐地嗚嗚叫，你會怎麼做？可能會毫不猶豫地向前察看，最後還帶回家了。可是，飼養動物並不是只靠「可愛」或「可憐」的情感就能夠辦到的。在飼養貓、狗、寵物之前，這一點要稍微想一想。

● 為了能夠與寵物愉快地生活

問題1　你或家人有沒有過敏體質呢？有些人會因為動物的毛而引起氣喘。

問題2　訓練動物大小便並且收拾善後、每天餵食、陪它散步玩耍……。狗或貓的壽命都在10年以上，有持之以恆的自信嗎？

問題3　有些公寓或集合住宅裡，是禁止飼養寵物的。還有，狗的叫聲可能會造成鄰居的困擾。你住的地方又是如何呢？

問題4　飼料錢、打預防針的錢，如果是母狗還可能要結紮。這時就會需要不少費用。沒問題嗎？

問題5　因為寵物而與他人產生摩擦的事情也時有所聞。在家裡面，可能會破壞家人重要的東西或造成毀損。你能好好地解決嗎？

飼養寵物不只是你的問題，跟家人好好商量吧。

● 如果被狗或貓咬了？

動物的牙齒很不乾淨，有些還會帶有特別的病菌。

①立刻用肥皂清洗傷口，周圍的唾液也要沖掉。

②蓋上紗布，立即去醫院。因為很容易就化膿，不可以放著不管。

保護自己

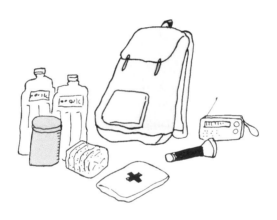

在不久之前，一說到害怕的事情，最先想到的就是
「地震、打雷、火災、色老頭……」。可是最近卻
新增越來越多恐怖及危險的事物，實在令人感到遺
憾。常言道「有備無患」，為了預防萬一，先做好
準備吧。

看家——安心對策

一定經歷過必須回到沒人在家的屋子裡吧。可是，也會有人一知道只有小孩一個人看家，就會產生壞念頭。甚至可能被捲入料想不到的危險之中。所以要先瞭解如何在危險中自保的方法。

● 開門的時候

仔細確認背後或周遭！
家裡有沒有人潛進去了？

● 鑰匙的「三不」重點

①不顯眼。
②不遺失。
③不留下。

掛著的時候要加個套子，讓人不知道那是鑰匙。

將鑰匙亂晃或掛在手提袋上，就像是在昭告別人家裡沒人。要在玄關前拿出來再收好。

跟在小孩後面，一起進入屋內的社會案件也增加了。

● 看家的心理準備

①如果接到陌生電話，不要讓對方發現是你
  一個人。
  可以說：「現在媽媽正忙走不開，我請她等會兒
  撥電話過去。」然後確認對方的名字、聯絡方式。

②門鈴響的時候。
  要先從對講機或門上的監視孔確認對方是誰。除非緊急
  事態否則不可開門。就算是宅配服務，也要在門鏈鎖著
  的狀態下簽名，貨物請對方放在門口。

③玄關要擺放男人或大人的鞋子，
  假裝還有其他人在家。

④開燈的時候，一定要先拉上窗簾
  或關窗，讓外人看不見屋內。

● 如果開門之後，發現家裡有小偷？

①無論如何先逃，通知附近鄰居。

②請鄰居幫忙報警，或自己打110。（參閱362頁）

③不要碰觸家中任何物品。

④檢查被偷的東西。並至警局製作筆錄。

●這可能是綁架……!?

問　被問道「○○○要怎麼走呢？」的時候？

答　對方可能真的是迷路而不知所措的人。

如果你知道的話就口頭告知，或者告訴他派出所怎麼去請他問警察。

就算對方希望你「帶他去」，也千萬不可以跟著去。只是用口頭回答對方，已經充分地表達了你的親切了。

問　被告知「你爸爸在公司昏倒了，快跟我來。」的時候？
　　還說「你媽媽也正在趕過去……」。

答　先不要慌張。一定要先跟家人或公司確認過。

告訴對方：「請告訴我是哪間醫院，等我聯絡過○○之後會自行前往。」絕對不可以跟對方走。

如果快要被強迫帶走的時候，
要高聲大喊「救命！」。

「我有話跟你說。跟我過來！」
「錢拿出來！」

● 錢快被搶走時……

問 萬一在四下無人的地方，有人要你「交出錢來」的話？

答 在被帶到四下無人的地方前，要高聲向周圍的人求救。就算對方是同學或學校的學長，這種行為都屬於「恐嚇」罪。盡可能告訴對方「沒帶錢」、「父母很嚴格不給我錢」，並且不將錢拿出來。如果被威脅而給了錢之後，要立即告訴父母或報案。此時要先說明對方的特徵，所以要先觀察好對方的五官、體型、小動作、髮型、說話方式等。有些人會因為得逞了一次，而再度找上你，所以不要獨自煩惱，與別人商量是最好的選擇。如果認為自己忍耐一下即可而放任歹徒，對方可能也會對別人做相同的事情。平時不要表現出身上有帶錢的樣子。

● 遺失金錢的話……

問 錢包不見了。連回家的電車錢與電話錢都沒有的時候？

答 如果誠實告訴站務員或派出所員警的話，對方大概都會借給你。當然之後要將錢歸還且誠心道謝。不要一個人偷偷地搭霸王車，總之先誠實以告吧。錢分成兩個地方放，電話卡也收在不同的地方，這樣就不會遇上這種令人慌張的狀況了。

防火——發生火災時，自我保護的方法

電燈、瓦斯、暖爐、香菸、洗澡水……。我們周遭充滿著會引發火災的原因。有時，或許會因為「一不小心就疏忽了」或「啊，算了啦」這樣的情形，而造成無法挽回的後果。

●檢查火災預防事項

①小心起火源！香菸是引發火災原因的第一名。
②正確使用電器用品與瓦斯。要小心不要空燒熱洗澡水。
③準備救命工具。逃生口不可堆放物品。家中有火災保險嗎？
④準備滅火器。

●火災預防對策

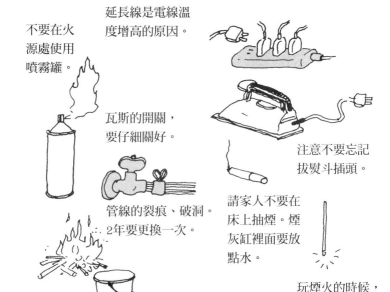

不要在火源處使用噴霧罐。

延長線是電線溫度增高的原因。

瓦斯的開關，要仔細關好。

管線的裂痕、破洞。2年要更換一次。

注意不要忘記拔熨斗插頭。

請家人不要在床上抽煙。煙灰缸裡面要放點水。

玩煙火的時候，不可以只有小孩子在場。

烤火要用水潑熄。這是失火原因的前幾名。

● 引發火災時，基本的初期滅火

①不可以往油裡潑水。

用蓋子或毛巾覆蓋油面，斷絕氧氣供應，以滅火器滅火。關上瓦斯總開關。

②「失火了！」盡可能通知越多人越好，並通報119消防隊。
（參閱第362頁）

③當火舌已經竄到天花板的時候，就放棄滅火，立即去避難。

● 逃生方法

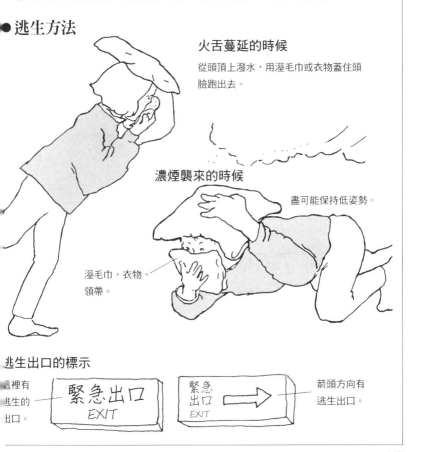

火舌蔓延的時候

從頭頂上潑水，用溼毛巾或衣物蓋住頭臉跑出去。

濃煙襲來的時候

盡可能保持低姿勢。

溼毛巾、衣物、領帶。

逃生出口的標示

這裡有逃生的出口。

緊急出口
EXIT

緊急出口
EXIT →

箭頭方向有逃生出口。

意外——瓦斯・觸電・交通事故的預防與對應

許多物品因使用性與合適性帶來了的便利，但是同時也提高了危險程度。吸收充分的知識，瞭解在萬一的情況下好好對應的方法。

● 瓦斯

中毒與氣爆都很恐怖。大部分瓦斯中毒的原因，都是因為燃燒不完全所導致的一氧化碳中毒。天然瓦斯、液化石油、石油、煤炭、木炭等要靠燃燒產生能量的物品，每一項都會發生一氧化碳中毒的危險。只要待在含有5％一氧化碳的空氣中呼吸數分鐘，其強烈毒性就可能導致死亡。

● 預防意外

①正確使用器具。

火焰是藍色的。

②在室內使用瓦斯，每小時要讓空氣流通一下。

● 要進入屋子裡救人時

①可以從外面打開的窗戶要全部打開。
②大聲地求助。
③就算裡面很暗也不可以打開電燈，會有氣爆的危險。

燃燒10分鐘所需要的空氣

瓦斯爐	汽油桶1
瓦斯浴缸	汽油桶9
瓦斯熱水器	汽油桶6

進屋前要深呼吸。

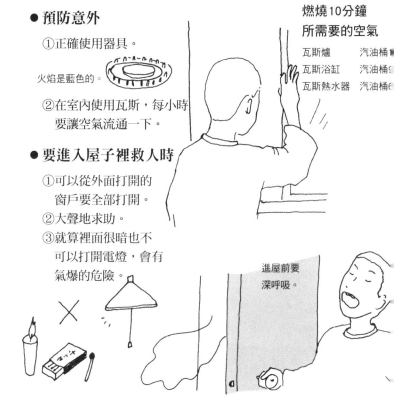

● 觸電

因家用電器（110V）漏電而出現休克或灼傷等症狀，甚至危及生命的例子很少。但是因輸送電源、高壓電，以及雷擊而觸電就非常危險。因電力的強弱、接觸時間、通過身體的情形不同，症狀也會不同。可能發生疼痛、痙攣、麻痺等。要立即叫救護車。

● 預防觸電

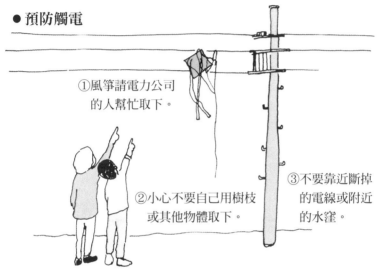

①風箏請電力公司的人幫忙取下。

②小心不要自己用樹枝或其他物體取下。

③不要靠近斷掉的電線或附近的水窪。

● 交通事故

● 預防

①由汽車的角度很難看見腳踏車，所以不要突然衝出或轉彎。

②就算燈號改變，也要確認車子都停下來了。

③過馬路時，要注意轉彎的車輛。

● 萬一發生事故的時候

①就算沒有受傷也要確認對方身分（住址、姓名、汽車車主的住址、姓名、工作、雇主、聯絡方式等的掌握）。

②聯絡父母或警察。

③去醫院接受檢查。

在緊急的時刻，瞭解與不瞭解知識會產生很大的差別。重新審視能做到的事情吧。

●地震規模與地震強度是指？

兩者是完全不同的東西。地震規模表示地震所釋放出來的能量大小。地震強度（震度）是指地震所引起地表搖晃的加速度。即使地震規模大，但如果其發生能傳遞到遠處的話，也就不會有太過搖晃的感覺。反之就算規模很小，但如果只發生在近處或地盤鬆軟的地方，那麼搖晃程度就會很大。因此，通常會將表現強度的規模與實際搖晃的震度一併使用。

●想看出是否為大地震，要注意上下搖晃！

●就這麼做！ 地震的預防對策

●預防倒塌

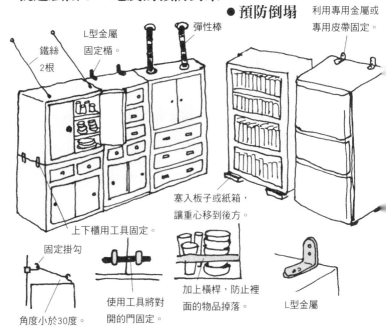

利用專用金屬或專用皮帶固定。

彈性棒

L型金屬固定櫃。

鐵絲2根

上下櫃用工具固定。

固定掛勾

角度小於30度。

使用工具將對開的門固定。

塞入板子或紙箱，讓重心移到後方。

加上橫桿，防止裡面的物品掉落。

L型金屬

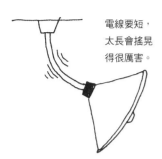

電線要短，
太長會搖晃
得很厲害。

冷氣也很危險。

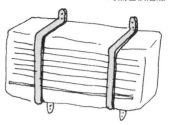

利用L型金屬或專用
金屬牢牢固定。

電視上不要放有水的物品。
有可能發生因為電視的高壓
電而觸電致死的危險。

電視裡面的映像管，恐怕會
因為強力的衝擊而爆炸。
不要疊在家具上方。

● 預防頭頂上的物品落下！

在枕頭旁準備好襪子，
要逃跑的時候才能保護
足部。

**要保持不在逃生路線
上放置物品的習慣。**

天搖地動時——各場所的對應法

無論多麼大的地震，搖晃時間也就1分鐘左右。要懂得在這段期間保護自己的方法。

●初期的基本對應

①遠離掉落的物品、倒塌家具以及玻璃。

②在搖晃的時候記得關閉火源。如果沒辦法關火要趕快躲好，地震停了之後，立刻關閉火源。

③如果是在家中，2樓比1樓安全。

④比起寬闊的房間，狹窄、柱子多的區域會比較安全。

●各場所的對應法

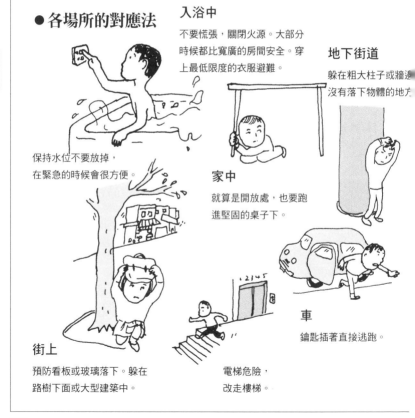

入浴中

不要慌張，關閉火源。大部分時候都比寬廣的房間安全。穿上最低限度的衣服避難。

保持水位不要放掉，在緊急的時候會很方便。

地下街道

躲在粗大柱子或牆邊沒有落下物體的地方。

家中

就算是開放處，也要跑進堅固的桌子下。

車

鑰匙插著直接逃跑。

街上

預防看板或玻璃落下。躲在路樹下面或大型建築中。

電梯危險，改走樓梯。

震度與感受方式的標準

依照建築物與構造，感受的方式與受損都會有所不同。

震度	0	人感受不到搖晃。		5弱	部分的人會想辦法自保。而有些人的行動會受到阻礙。
	1	屋裡一部分的人會感受到些微的搖晃。		5強	感到非常恐怖。大部分的人行動會受到阻礙。
	2	在屋裡大部分的人都能感覺到搖晃。一些正在睡覺的人，也可能會醒來。		6弱	光要站著就都很困難。
	3	屋裡所有人都能感覺到搖晃，有一些人會覺得很恐怖。		6強	無法站立，要用爬的才能移動。
	4	有滿大的恐怖感。部分的人會想辦法自保。睡眠中的人幾乎都會醒來。		7	天搖地動，無法依照自己的想法行動。

日本氣象廳所發佈的震度，是依震度計觀測值而來。

353

災害常備品——清單一覽

就算在大地震下逃過一劫，可是糧食、電源、瓦斯、交通、通訊網路等的恢復，都需要花上一段不短的時間。這時候如果有常備物品的話，就能冷靜地等待救援了。

常備品裡面3公升的水是保命符。我們只要沒有水喝，連一個禮拜都活不下去。相反地只要有水，就算3週不進食還是能存活。那麼，開始來準備吧。

●糧食

2公升裝的水至少3瓶。

儲水。10公升裝的塑膠桶。

倒進熱水就變成白飯了。

脫水米飯

速食食品

調理包

梅子

高熱量食品

嬰兒用牛奶易消化吸收，且營養均衡。

罐頭的味道太濃，所以少量。

固體蜂蜜利用甜食維持體力。

冰糖

・準備1週的分量。
・要注意保存期限。
・準備不需要開罐器的東西。

354

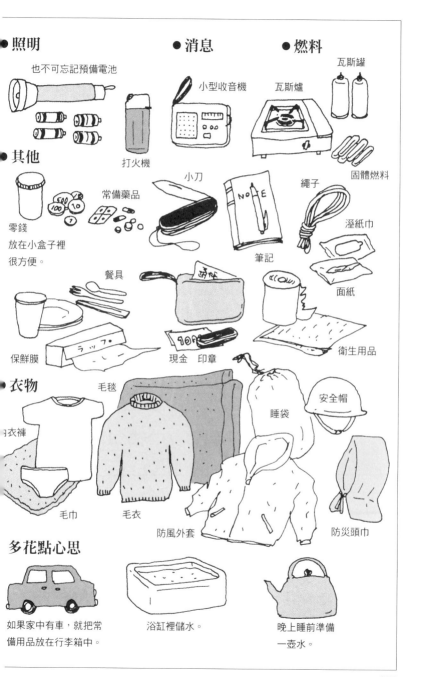

● 照明　　　　　　● 消息　　　　　　● 燃料

也不可忘記預備電池

瓦斯罐

小型收音機　瓦斯爐

打火機

固體燃料

● 其他

零錢
放在小盒子裡
很方便。

常備藥品

小刀

筆記

繩子

溼紙巾

面紙

餐具

保鮮膜

現金　印章

衛生用品

● 衣物

毛毯

內衣褲

睡袋

安全帽

毛巾　毛衣

防風外套

防災頭巾

多花點心思

如果家中有車，就把常
備用品放在行李箱中。

浴缸裡儲水。

晚上睡前準備
一壺水。

355

意料之外的受傷或突然發燒，這時如果有準備急救用品就會比較安心。每年清點一次，不要忘記檢查有效期限與隨時補充。

● 急救用品

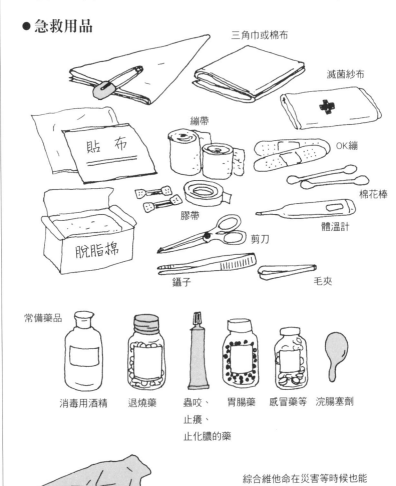

三角巾或棉布

滅菌紗布

繃帶

貼布

OK繃

棉花棒

膠帶

體溫計

脫脂棉

剪刀

鑷子

毛夾

常備藥品

消毒用酒精　退燒藥　蟲咬、止癢、止化膿的藥　胃腸藥　感冒藥等　浣腸塞劑

冰枕

綜合維他命在災害等時候也能當作食品補充，所以備有一罐也很方便。

● 緊急時刻的逃脫繩製作法

災害時，如果要使用繩子逃生，那麼事先學會就不會驚慌了。

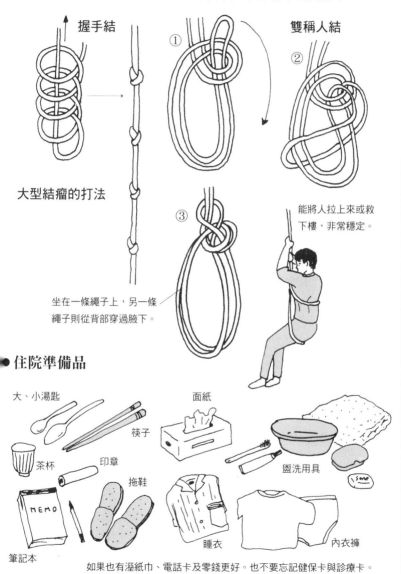

握手結

大型結瘤的打法

雙稱人結

①

②

③

能將人拉上來或救下樓，非常穩定。

坐在一條繩子上，另一條繩子則從背部穿過腋下。

● 住院準備品

大、小湯匙

茶杯

印章

筆記本

MEMO

拖鞋

面紙

盥洗用具

睡衣

筷子

內衣褲

如果也有溼紙巾、電話卡及零錢更好。也不要忘記健保卡與診療卡。

緊急處置 1 —— 包紮・止血・人工呼吸

有時候在到醫院之前，或者救護車抵達以前的初期措施，可能會左右人命的存活，緊急處置也因此顯得十分重要。如果做得到，就盡量去參加消防局或紅十字會所舉辦的急救講習。在進行緊急處置時，當然也不要忘記立即求救。

●包紮法

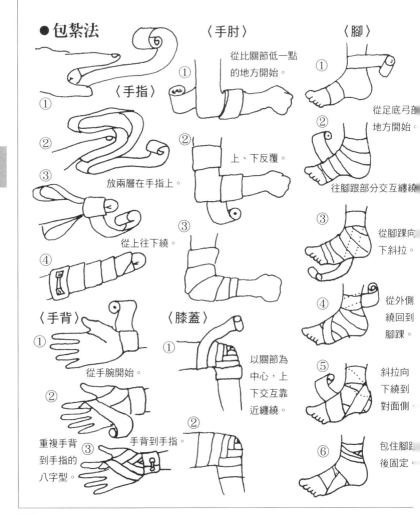

〈手指〉

①
②
③ 放兩層在手指上。
④ 從上往下繞。

〈手背〉

① 從手腕開始。
②
③ 重複手背到手指的八字型。 手背到手指。

〈手肘〉

① 從比關節低一點的地方開始。
② 上、下反覆。
③

〈膝蓋〉

① 以關節為中心，上下交互靠近纏繞。
②

〈腳〉

①
② 從足底弓部地方開始。往腳跟部分交互纏繞
③ 從腳踝向下斜拉。
④ 從外側繞回到腳踝。
⑤ 斜拉向下繞到對面側
⑥ 包住腳跟後固定

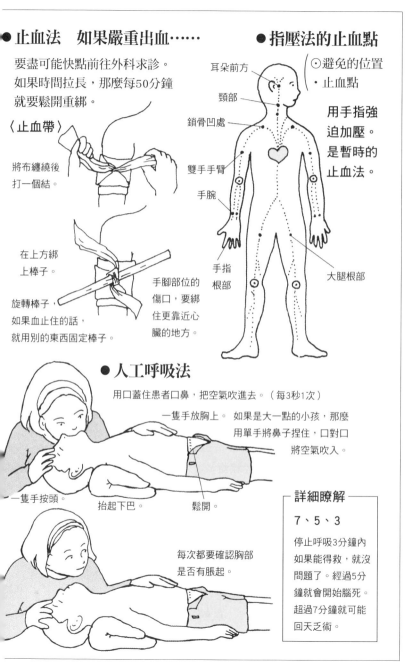

● 止血法　如果嚴重出血……

要盡可能快點前往外科求診。
如果時間拉長，那麼每50分鐘
就要鬆開重綁。

〈止血帶〉

將布纏繞後
打一個結。

在上方綁
上棒子。

旋轉棒子，
如果血止住的話，
就用別的東西固定棒子。

手腳部位的
傷口，要綁
住更靠近心
臟的地方。

● 指壓法的止血點

⊙避免的位置
・止血點

耳朵前方
頸部
鎖骨凹處
雙手手臂
手腕
手指
根部
大腿根部

用手指強
迫加壓。
是暫時的
止血法。

● 人工呼吸法

用口蓋住患者口鼻，把空氣吹進去。（每3秒1次）

一隻手放胸上。

如果是大一點的小孩，那麼
用單手將鼻子捏住，口對口
將空氣吹入。

一隻手按頭。

抬起下巴。

鬆開。

每次都要確認胸部
是否有脹起。

詳細瞭解

7、5、3

停止呼吸3分鐘內
如果能得救，就沒
問題了。經過5分
鐘就會開始腦死。
超過7分鐘就可能
回天乏術。

緊急處置 II —— 心臟按摩・燒燙傷・誤食

●心臟按摩，當聽不見心跳時……

心跳突然停止，可能是因為窒息、觸電，或突然跳到冷水裡所引起的。當患者失去意識的時候，要趕快打開前面的衣服，用耳朵貼緊患者位於左側的心臟處，聽他的心跳聲。如果沒有聽見心跳聲，那麼就要立刻開始心臟按摩。

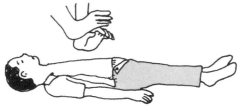

①讓病患仰躺在平坦穩定的地方。
②一隻手按住胸骨下半部分，另一隻手覆蓋在上方，以1秒1次的節奏利用體重，往下壓4～5公分。

心臟在胸骨（立於胸腔正中央的骨頭）下方稍微偏左的地方。
用力壓迫這個部位心臟會收縮，突然放開的話，可能就會恢復
原來的狀態。

●燒燙傷

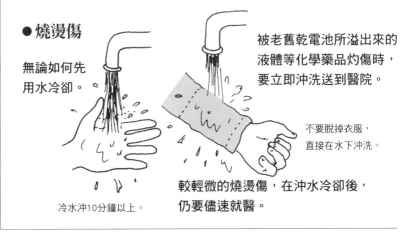

無論如何先
用水冷卻。

被老舊乾電池所溢出來的
液體等化學藥品灼傷時，
要立即沖洗送到醫院。

不要脫掉衣服，
直接在水下沖洗。

冷水沖10分鐘以上。

較輕微的燒燙傷，在沖水冷卻後，
仍要儘速就醫。

●誤食不好的東西時

如果誤食了化學物質或香菸、藥品、毒物等東西時，首先要從周圍狀況與容器判斷吃的是什麼。如果還有意識，　①給予飲用水或牛奶　②催吐。

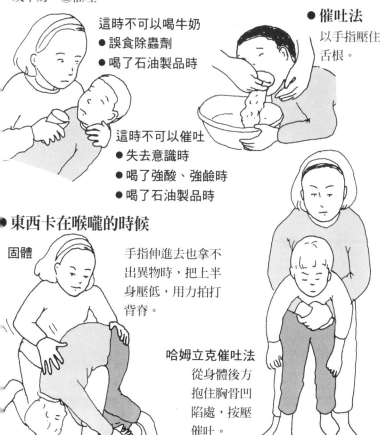

這時不可以喝牛奶
- 誤食除蟲劑
- 喝了石油製品時

●催吐法
以手指壓住舌根。

這時不可以催吐
- 失去意識時
- 喝了強酸、強鹼時
- 喝了石油製品時

●東西卡在喉嚨的時候

固體

手指伸進去也拿不出異物時，把上半身壓低，用力拍打背脊。

哈姆立克催吐法
從身體後方抱住胸骨凹陷處，按壓催吐。

●救援電話　免付費365天24小時受理

119　火警、急病、山難……等需要救護車或消防車援助時。

110　竊盜、檢舉犯罪……等需要警察處理現場時。

撥打110‧119的方式

知道怎麼撥打110或119嗎？就算很緊張的時候，只要在筆記本先記下方法而能夠好好報案，那麼就放心多了。

● 110　　為了通知警察局交通事故、鬥毆、竊盜等案件或事故的號碼。

● 119　　因急病而希望呼叫救護車時，或發生火災需要消防車時，聯絡消防單位的號碼。

撥打的時候，要先用力深呼吸！冷靜地依照下列步驟。

①通報目的　「有火災」「有人急病發作」「遭小偷了」
②說明情況　「誰」「從什麼時候」「在哪裡」「什麼樣子」
　　　　　　「變得如何」
③說明地點　「住址在○○市○○區○○街○○號的公寓」
　　　　　　「明顯地標是○○」「電話為○○」

●使用公共電話時的撥打方法

無論哪種電話的緊急報案都是免費使用的。

一般公共電話

拿起話筒，不需投幣或插電話卡即可撥打110、119。免費。

商店內使用的公共電話

請店員使用鑰匙轉換成免費電話狀態後撥打110、119。

附有紅色按鈕的電話

拿起話筒，按下紅色按鈕後撥打110、119。

紅色按鈕

資料

垃圾的丟棄與再利用

●愛護地球

只要人類還存活，就會無止盡地製造垃圾。目前在日本，一年內要清運超過5000萬噸以上的垃圾，其中大部分都是焚化或掩埋處理。可是，如果這樣繼續製造垃圾下去，又會如何呢？

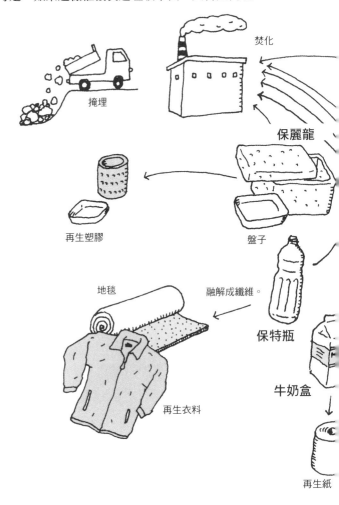

焚化

掩埋

保麗龍

再生塑膠

盤子

地毯

融解成纖維。

保特瓶

牛奶盒

再生衣料

再生紙

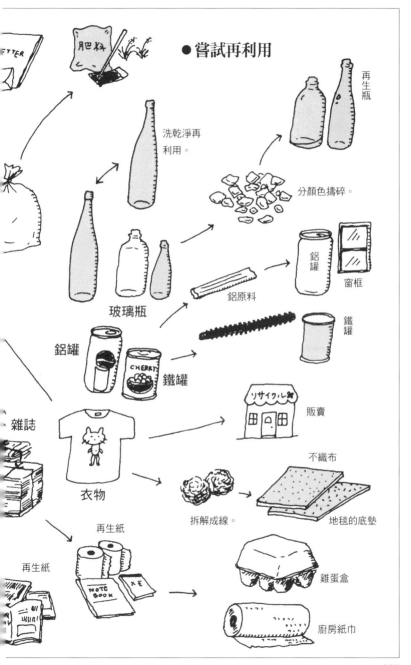

●嘗試再利用

肥料

再生瓶

洗乾淨再利用。

分顏色搗碎。

玻璃瓶

鋁原料

鋁罐

窗框

鐵罐

鋁罐

CHERRY

鐵罐

雜誌

衣物

リサイクル館

販賣

不織布

拆解成線。

地毯的底墊

再生紙

再生紙

NOTE BOOK

メモ

雞蛋盒

廚房紙巾

365

調味的基準表

●特別的飯食

	米	水	鹽	酒	醬油	其他
櫻花飯 （醬油飯）	4杯	4杯		2大	3～4大	
青菜飯	4杯	米的1成多	1.5～2 小			青菜（生）200公克，撒鹽 小匙
地瓜飯	4杯	米的1成多	1.5小	2大		切好的地瓜200公克
豌豆飯	4杯	米的1成多	1.5～2 小	2大		青豌豆量為米的一半
栗子飯	4杯	米的1成多	1.5～2 小	2大		去殼栗子量為米的一半
茶飯	4杯	米的1～2成多	1.5～2 小			茶粉1大匙
竹筍飯 （竹筍量	4杯	4杯 1杯	½～1小	4大	2大	切好的竹筍200公克 用1大匙砂糖先煮好。）
香菇飯 （香菇量	4杯	4杯	½小	2大	1大 2～2.5大	昆布10公分、香菇200公克 先調好味，等到飯煮好後取出昆布， 放入香菇。
醋飯 （搭配的醋量	5杯	5杯	1大	2大		昆布10公分 醋½杯，砂糖2大匙）
炒飯 （1人份）	1 大碗		½小		1大	洋蔥12個、雞蛋1個、油1.5 大匙、胡椒少許
炊紅豆飯	糯米 5杯	3.5杯 （也可用煮過 的紅豆湯）	½小			煮好的紅豆1杯

小＝小匙　大＝大匙

	材料	鹽	砂糖	醬油	水或高湯	酒、味醂	其他
煮							
滷 魚	1人份		½~1小	1大	1大		
滷 根 菜 類	根菜類100公克		1~2小	1~1.5大	醬油等量~6倍		
佃 煮	魚、肉、蔬菜200公克		醬油的1/4	1/2杯	1~2大		
砂 糖 煮	地瓜400公克	½小	5大		½~1杯	味醂2大	
味 噌 煮	魚4片		2小	1大	□杯	酒2大	味噌3大
關 東 煮	1人份200公克	□小	1~1.5小	1.5大	1.5杯		
黑 豆	乾豆2杯	1小	2杯	4大	水5杯		
什 錦 滷 菜	4人份	1小	2~3大	3~4大	水·剛好蓋過	味醂1大	小魚乾1把
煎							
乾 煎 魚	切片1人份 帶骨1人份	□小 ½小					
照 燒	切片1人份		1小	1大		味醂1大	
味 噌 漬	魚、肉1人份		1小	1小			味噌1~2大
薄 蛋 捲	雞蛋1個	□小	1小				油少許
厚 蛋 捲	雞蛋5個	½小	3大	1/2大	高湯5~7大		油少許
蛋 包	雞蛋2個	□小					油少許
奶 油 燒	魚80~100公克 肉60~80公克	□小 □小	其他　奶油1大、麵粉1小、胡椒少許				

冷藏·冷凍保存的期限

● 冷藏庫（在5度左右下保存期限的標準）

食 品 名		保存基準	條 件
肉類	豬肉（厚切）	3～4天	・如果是保存在魚肉盤或冷卻室中的話。
	牛肉（薄切）	2～3天	・用保鮮膜或密封容器包住。
	雞肉	1～2天	・乾燥處理的話就會失去風味。
	絞肉	1～2天	
加工食品	火腿、香腸	3～4天	
	魚板（一整塊）	5～6天	
	豆腐	約2天	放進裝水的密閉容器中。
	納豆	約1週內	放入塑膠袋後密封。
魚類	鮮魚	2～3天	取出內臟仔細清洗過後，抹一點鹽用保鮮膜包起來。
	切片	2～3天	用保鮮膜包起來，如果有魚肉盤或冷卻室的話，放入該處。
	生魚片	1天	
	對切的魚	3～4天	抹一點鹽用保鮮膜包起來。
乳製品	牛奶	●5～6天	開封後盡量在當日喝完。
	奶油	▲約2週內	放入容器裡，蓋子要蓋好。
	起司（加工）	▲約2週內	用保鮮膜封住切口。
	乳酸飲料（濃縮瓶）	▲1～2週內	關緊瓶蓋。
蔬果	菠菜等青菜	約3天	葉菜類要清洗過後用保鮮膜包起來。
	芹菜、番茄	3～5天	清洗後用塑膠袋密封。
	葡萄柚	5～7天	如果切開的話，用保鮮膜包起來。

● ＝從製造日起算　▲＝開瓶、開封後

● 肉類保存的重點

- ● 肉類買回家後，立即取下包裝，重新用保鮮膜材料密封包住，放入冷藏庫的上層。雞肉、絞肉、羊肉、內臟類即使冷藏也不能放很久。
- ● 冷凍的話，牛、豬約1個月，雞、絞肉約2週內都不會變質。可是，五花肉或霜降肉等脂肪較多的肉，容易變質所以不建議冷凍。

●冷凍庫（在負18度左右下保存期限的標準）

食 品 名	保存標準
脂肪多的魚 沙丁魚、鯖魚、 鰤魚、鮭魚等等	2～3個月
脂肪較少的魚 鱈魚等	3～5個月
鰈魚、比目魚等	4～6個月
蝦	6個月
蟹	2個月
牡蠣	2～4個月
文蛤、扇貝	3～4個月
調理過的冷凍魚	3～4個月

食 品 名	保存標準
磨菇	10個月
甜玉米	10個月
菜豆、蘆筍、 抱子甘藍	12個月
菠菜、白花椰菜、 豌豆、綠花椰菜	16個月
胡蘿蔔、南瓜、 切段玉米	24個月

● 蔬菜類是市售冷凍食品。用熱水
　煮半熟後以零下30度急速冷凍。

●家庭中冷凍保存的重點與保存期限的基準

品　名	重　點	保存標準
荷蘭芹	清洗後去除水分，直接用密封塑膠袋裝好冷凍。	3個月
青紫蘇、山椒葉芽	清洗後去除水分，以保鮮膜包好，放入容器中。	1.5個月
長蔥、蔥	過熱水，放入塑膠袋保存。	2個月
洋蔥	切末或切絲過炒，用保鮮膜包好保存。	2個月
生山葵	洗淨風乾後放入塑膠袋冷凍。	1個月
生薑	帶皮洗淨後用保鮮膜包好或磨成泥。	1個月
柚子	外皮平放擠壓後放入塑膠袋，汁液裝入容器裡，冷凍。	2個月
長芋、山藥	削皮後去雜質，磨成泥以容器裝好冷凍。	1個月
鴻禧菇、欅木	過油拌炒，用容器分裝成小部分冷凍。	2個月
生香菇	用布巾去除髒汙後將蕈傘與柄分裝在塑膠袋裡。	3個月
韭菜	清洗後去除水分，切成適當大小裝入塑膠袋。	2個月
馬鈴薯	去皮切成適當大小，煮半熟後放入塑膠袋。	2個月
胡蘿蔔	去皮切成適當大小，煮半熟後放入塑膠袋。	2個月
青椒	切成兩半，去籽煮半熟後裝入塑膠袋冷凍。	2個月
玉米	去掉果實，煮半熟後以塑膠袋分裝成小包裝冷凍。	3個月
綠花椰菜	切小塊，煮半熟後去除水分，放入塑膠袋。	2個月
菜豆、豌豆	煮半熟後去除水分，以塑膠袋裝起冷凍保存。	3個月

食物中毒的預防與對策

● 食物中毒的種類

食物中毒的種類		原　　　因
細菌性食物中毒	感染型	腸炎弧菌、沙門桿菌、彎曲菌
	毒素型	葡萄球菌、肉毒桿菌
	其他	產氣莢膜梭菌、病原性大腸菌（O-157）
食用自然界的毒物而中毒	植物性	毒菇（生物鹼類）、馬鈴薯的芽（茄鹼）、不熟的梅子（苦杏仁素）、黴麴毒（黃麴毒素）
	動物性	河豚（河豚毒素）、蛤、牡蠣
因化學物質而中毒		農藥（殺蟲劑、殺菌劑、除草劑、滅鼠劑）的誤用或殘留有害金屬的食品汙染（水銀、鎘、鉛、砒霜）
過敏性中毒		因微生物所生成的組織胺

● O-157的基礎知識

雖然大腸菌大多都是無害的，但其中也有會引起下痢等症狀的病原性大腸菌。O-157是其中一種，會分泌毒性強的bero毒素是其特徵。健康的成人可能會沒有症狀或僅僅下痢而已。但如果有出血性下痢的症狀時，要立刻就醫。

● O-157的預防法

1. 不耐熱。75度的水加熱1分鐘以上就會被消滅。因此要連裡面都充分加熱。
2. 料理前、料理時要洗手。特別是處理魚、肉、雞蛋之後。上廁所、換尿布、挖鼻孔之後也要反覆洗手。
3. 菜刀、砧板要洗乾淨，烹飪完後要用熱水消毒。切過生鮮食品後一定要用洗劑沖洗。不要忘了抹布、海綿、棕刷。
4. 烹飪完後立即食用。在室溫下放置15〜20分鐘後，O-157的數量會變成2倍。
5. 放置很久的食品，要毫不猶豫地丟掉。

接著劑的選擇法基準表

甲 \ 乙	金屬	水泥	磁磚石材	陶瓷器	玻璃	塑膠	乙烯塑膠	橡膠	不織布氈	帆布	皮革	化粧板	木	硬紙板	紙
紙	H	A·E	H	C·H	C·H	C·H	D	C	C	C	A·C·H	C·H	A·H	A·H	A·H
硬紙板	H·C	A·C	C·H	B·C	C·H	C·H	D	C	A·C·H	C	C·H	C·H	A·C	A·H	
木	B	C·E	B·E	C·E	B·C	B·C	D	C	C	C	A·C	C	A·C		
化粧板	B·C	C·E	B·C	B·C	B·C	B·C	D	C	C	C	C	C			
皮革	C	C	C	C	C	C	D	C	C	C	C				
帆布	C	C	C	C	C	C	D	C	C	C					
不織布氈	C	C	C	C	C	C	D	C	C						
橡膠	C	C	C	C	C	C	D								
乙烯塑膠	D	D	D	D	D	D	D								
塑膠	B·C·G	B·C·E	B·C	B·C·H	B·C·G	B·C·G									
玻璃	B·G	B·C	B	B·F·G	B·C·G										
陶瓷器	B	B·E	B·E	B·F·G											
磁磚石材	B	B·E	B												
水泥	B·E	B·E													
金屬	B·G														

記號	接著劑種類
A	木工用（水性）
B	2液型
C	合成橡膠劑
D	乙烯塑膠（鹵素乙烯系）
E	磁磚水泥用
F	矽膠
G	瞬間接著劑
H	模型用

要將兩種材質黏合時，選擇甲、乙中的項目交叉
比對，然後使用交叉處所標示的接著劑即可。

不同種類的去汙漬法一覽表

●去汙漬的方法

如果1階段無法除去汙漬的話，就進行第2、第3階段。要使用不含螢光劑的中性洗劑。

	汙漬的種類	1階段	2階段	3階段
水溶性汙漬	茶、咖啡、醬油、墨	以浸水擰乾的布或棉花棒、牙刷輕拍去除。	以布或棉花棒、牙刷沾洗劑溶液輕拍去除。	用氯系或氧化系漂白水來漂白。
	墨水、血	同上	用氯系或氧化系漂白水來漂白。	用還原系漂白劑來漂白。
	啤酒、酒類	布或棉花棒沾水或熱水輕拍。	布或棉花棒沾洗劑溶液輕拍。	
油性汙漬	領口汙漬、機械油、巧克力	用石油醚輕拍去除。	沾洗劑原液，用捏洗或揉洗。	
	原子筆、簽字筆的墨水	用石油醚或酒精輕拍去除。	同上	
	顏料	盡可能早一點用石油醚輕拍去除。		
	口紅、粉底	用石油醚或酒精輕拍去除。	沾洗劑原液，用捏洗或揉洗。	
	咖哩	布或棉花棒沾洗劑原液輕拍。	浸泡在氯系或氧化系漂白水裡。	
不溶性汙漬	口香糖	用冰冷卻，能取下的盡量取下。	用石油醚輕拍去除。	
	墨汁	在汙漬上塗上牙齒粉捏洗。	重複左列動作。	
	泥濘	趁還沒乾的時候用洗劑溶液揉洗。	用洗劑溶液拍除。	用還原漂白劑漂白。
	鐵鏽	熱水稀釋還原漂白劑後輕拍後浸泡。		
	黴菌	用刷子刷除。	用洗劑溶液揉洗。	用氯系或氧化系漂白水來漂白。

●各種除漬藥劑不可使用的質料

藥　品　名	使用濃度	不可使用的質料	萬一使用後的變化
石油醚	原液	——	——
酒精	原液	——	——
阿摩尼亞水	0.7%	毛、絲	黃變
去光水	原液	醋酸纖維、聚氯乙烯	溶解
肥皂	1%	毛、絲	黃變
弱鹼性合成洗劑	1%	毛、絲	黃變
中性洗劑	——		——
氯系漂白劑	1～1.5%	毛、絲、尼龍 聚酯、醋酸纖維	黃變、劣化 黃變
氧化系漂白劑	0.5%	毛、絲	
還原系漂白劑	0.5～1%	——	
牙齒粉	1%	毛、絲	縮水、紋路變形不均
醋	原液	——	
熱水	——		

●除漬藥劑的種類

①有機溶劑　石油醚、酒精等。主要使用在溶解油性的汙漬。

②乳化分散劑　中性洗劑等。可去除食物的髒汙。

③氧化劑　就是雙氧水或氯系漂白劑。

④還原劑　次亞硫酸或酸性亞硫酸納等。用於漂白，但容易褪色。

⑤鹼性洗劑　硼酸、阿摩尼亞等。去除酸性的汙垢。

生活中的標誌

● 公定標誌是什麼？

為了讓消費者能夠安心購買商品，對於到達一定標準的商品便會給予品質保證的標誌。可是，一定規格水準的認定，是國家或業界團體等單位，依據自發性的申請所給予的，所以也不是一定要百分之百採信。只要以同一個標準去思考即可。

	CAS優良食品 行政院農委會於民國78年設立。認證項目包括：肉品、冷凍食品、冷藏調理食品、即時餐食、醃漬蔬菜、釀造食品、生鮮截切蔬果等7大類。
	食品GMP 中文意思是指「良好作業規範」，或是「優良製造標準」。是一種注重製造過程中產生品質與衛生安全的自主性管理制度，用在食品的管理。
	鮮乳標章 行政院農委會為保障消費者權益所實施的行政管理措施，以促使廠商誠實以國產生乳製造鮮乳。
	健康食品，認證字號：衛署健食字第XXX號 食品具保健療效，經申請許可並審核通過後始得作衛生署公告認定之保健功效的標識或廣告。
	HACCP危害分析及重點控制系統 綠色代表安全、藍色代表清潔、紅色有美味健康的感覺。
	GAP優良農業操作 使用最合乎自然的耕作條件來種植農作物。
台灣香菇	**有機農產品標章**　　 **OTAP標章** 2009年起有機農產品全面轉換為OTAP標章

● 選擇商品時的檢查要點

將各種品質標誌列為參考，雖然是選擇商品時的一大要點，但在購買商品時，為了避免買了後悔，該確認的部分還有很多。

1. 真的是必要的嗎？
2. 跟目前擁有物品之間的平衡性？有地方放嗎？
3. 價格是合理的？符合其品質與功能嗎？
4. 購買時所需的費用，能夠支付嗎？
5. 品質如何？
（機能性？安全性？衛生性？）

374

日本公正取引委員會根據量表法認定了公正競爭規約，以下是依照
規約所訂定的合格標誌。

	（JIS標誌）日本工業規格的簡稱，會貼在符合規格的一般工業製品上。		蜂王乳的公正標誌。
	（JAS標誌）貼在農產、水產品及其加工品上的日本農林規格標誌。		蜂蜜的公正標誌。
	（紅色與金色）培根、火腿類。只用豬肉塊製造的製品。		生麵類的公正標誌。
	（茶色）壓縮火腿、香腸類。各種牲畜肉類製造的食品。		海膽食品的公正標誌。
	（藍色）混合製品。放入許多魚肉的製品。混合壓縮火腿、香腸。		日本穀物檢定協會舉行完認定會後的檢定合格標誌。
	（電器用品標誌）貼在安全性被認可的電器上的標誌。危險度高的電視、洗衣機被貼上甲種，收音機是乙種。沒有標籤者不得販賣。		（ST標誌）依照日本玩具安全協會所認定安全基準的安全玩具標誌。
			（JUPA標誌）業界自主性保證雨傘品質的標誌。
	（安全標誌）貼在符合國家安全基準的壓力鍋、安全帽上。		（S標誌）清潔、理容、美容店為對象，表示該店有意外保險。
	（計量法標誌）貼在牛奶或啤酒瓶上的計量法標誌。		（環保標誌）日本環境協會認定為體貼環境的產品上所貼的標誌。
	（羊毛標誌）通過國際羊毛事務局品質基準檢驗，世界共通標誌。		（SG標誌）安全產品的簡稱，貼在嬰幼兒用品及家庭用品上。

誤食的緊急處理標準

● 危險度高的物品，吞下後要立刻送醫。

香菸2公分以上　　　煙灰缸內的水

鈕扣電池

藥

指甲油、去光水

住宅、瓦斯爐用洗劑
排水管用洗劑

蠟、石油製品

漂白劑（氯系）
廁所用洗淨劑
去黴劑

場所	項　　目	催吐	喝水或牛奶	之後的處置
起居室	香菸2公分以上	○	○	×
	煙灰缸內的水	○	○	×
	鈕扣電池	○	×	×
	體溫計的水銀	○	○	■
	化學樟腦、樟腦	○	牛奶	▲
	電蚊香貼片	○	○	■
	藥	○	○	×
	墨水、鉛筆	○	○	■
	蠟筆、粉蠟筆	○	○	■
	漿糊	○	○	■

廚房	廚房用洗劑	○	○	■
	清潔劑	○	○	■
	住宅、瓦斯爐用洗劑	×	○	×
	排水管用洗劑	×	○	×
	乾燥劑	○	○	■
廁所、洗臉臺	漂白劑（氯系）	×	○	×
	洗滌用洗劑	○	○	■
	柔軟劑	○	○	■
	廁所用洗淨劑 （強酸、強鹼）	×	○	×
	肥皂	○	○	■
	牙齒粉	○	○	■
	口臭預防劑	○	○	■
	染髮劑	○	○	▲
	指甲油、去光水	×	×	×
	香水	○	○	▲
	化妝水、髮膠	○	○	▲
	乳液、乳霜	○	○	■
	口紅、粉底	○	○	■
浴室	洗髮精、潤髮乳	○	○	■
	沐浴劑	○	○	■
	除霉劑	×	○	×
玄關、走廊	蠟（地板、家具、汽車用）	×	牛奶	×
	石油製品（汽油、燈油、石油醚）	×	×	×

■ 如果量少的話就在家觀察　▲ 必須就醫　×緊急送醫

● 不知該如何處置時要撥「119」（參閱第362頁）

● 說明時的重點　①何時　②誤食了什麼　③誤食了多少量。

索　引

後記

　　寫下《生活圖鑑》這本書的契機，是在採訪時，一窺大學生們的飲食生活後，才有這樣的靈感。

　　初次離開父母身邊一個人生活，他們的飲食內容遠遠超乎我的想像。早餐是便利商店的飯糰、卡路里高的食品、罐裝咖啡；像樣一點的午餐是麵包、罐裝果汁、甜點；晚餐則是泡麵、碳酸飲料或速食、店裡的下酒菜……。

　　身體不適、感到疲勞的多數為年輕人。再加上女學生們因為過度減肥，而成為貧血族或準貧血族的人也不在少數。

　　事實上，問題並不僅限於飲食生活。「啊，定期工作又寄來啦！」大學生的母親苦笑著拿給我看的紙箱中，子女待洗或待縫補的衣物，塞得滿滿滿……。她們告訴我子女在大學四年內，一次也沒有曬過被子，榻榻米任其朽壞。還說了半夜開著暖爐睡覺差點發生火災……（這個孩子，之前從來不曾自己關過電器用品），這種種的情形還真不少。

　　將所有「衣食住」事項全部交給父母或他人，即使擁有「知識」，卻缺乏「實際經驗」的孩子們，給人帶來太大的負擔，為人父母的我們所需負的責任更大，也更有切膚之痛。

　　此時，再加上我有一次演講的機會，內容是針對中高齡男性第二人生及照護思維的講座。當時聽見許多男性感嘆說太太或母親突然住院時，「連電鍋都不會用」「不會縫釦子」……因此感到束手無策。當我們迎向高齡社會時，男性也深被性別角色分擔的後遺症所影響了。

　　小孩就不用說了。成年人無論男女都切實地感受到，必須以「生活的主人翁」的身分，重新審視自己的周遭生活。

　　於是我被這樣不斷湧上的想法所驅使，開始著手這本書的寫作。除了重視前人生活的智慧與技術，還將文明利器做最有效的利用，以家事省事派的我本身的經驗與反思為基礎，希望提供大家能夠立即派上用場的知識。

　　如果能為朝「自立」的第一步邁進的大人小孩們提供幫助，那就再好不過了。

越智登代子

國家圖書館出版品預行編目(CIP)資料

生活圖鑑：成爲家事好手的1200個技能 /
越智登代子作；平野惠理子繪；張傑雄譯
— 二版 — 新北市：遠足文化，2018.11

譯自：生活図鑑：『生きる力』を楽しくみがく
ISBN 978-957-8630-86-4(平裝)
1.家政
420　　　　　107018185

生活
圖鑑

成為家事好手的

1200 個技能

作者｜越智登代子　繪者｜平野惠理子　譯者｜張傑雄　編輯出版｜遠足文化　編輯顧問｜呂學正、傅新書　執行編輯｜林復　責任編輯｜王凱林　編輯顧問｜呂學正、傅新書　執行編輯｜林復　責任編美術編輯｜林敏煌　封面設計｜謝捲子　發行出版｜遠足文化事業股份有限公司（讀書共和國出版集團）　地址｜231新北市新店區民權路108-2號9樓　電話｜（02）2218141　傳眞｜（02）22188057　電郵｜service@bookrep.com.tw　郵撥帳號｜19504465　客服專線｜0800221029　網址｜http://www.bookrep.com.tw　法律顧問｜華洋法律事務所 蘇文生律師　印製｜成陽印刷股份有限公司　電話｜（02）22651491

訂價　380元
ISBN　978-957-8630-86-4
二版一刷　西元2018年11月
二版七刷　西元2024年7月
©2010 Walkers Cultural Printed in Taiwan

*特別聲明：有關本書中的言論內容，不代表本公司/出版集團之立場與意見，文責由作者自行承擔

AN ILLUSTRATED BOOK ON DAILY LIFE MAIN AGENT

Text © Toyoko Ochi 1997

Illustrations © Eriko Hirano 1997

Originally published by Fukuinkan Shoten Publishers, Inc., Tokyo, Japan, in 1997
under the title of Seikatsu Zukan (AN ILLUSTRATED BOOK ON DAILY LIFE MAIN AGENT)
The Complex Chinese language rights arranged with Fukuinkan Shoten Publishers, Inc., Tokyo.
All rights reserved.

緊急清單一覽表

緊急狀況下的聯絡電話	
● 火災・救護車　　　119	● 家人聯絡方式
● 警察　　　　　　　110	父
● 假日急診	母
● 相關醫師	
小兒科、牙科、耳鼻喉科、	● 親屬
內科等	祖父母
	外祖父母
● 市・區公所	
● 瓦斯（天然氣公司）	
● 電力（電力公司）	
● 自來水（自來水處）	
● 電信公司	● 友人
● 垃圾（清潔隊）	
● 衛生所	
● 學校	
● 補習班	
● 其他	

打緊急聯絡電話的方式

報目的。
「有火災」「有人急病發作」「遭小偷了」

說明具體狀況。
「誰」「什麼時候」「在哪裡」
「什麼樣子」「變得如何」

址在~市~路」「電話是~~」

「明顯地標是~~」
無論如何一定要冷靜。

家庭的備忘錄

寬廣的避難場所	● 損害保險
家族成員的集合場所	● 銀行、郵局存款帳戶
聯絡方式	● 信用卡
健保卡號碼	● 駕照
人壽保險	● 護照
火災保險	● 其他

發生緊急狀況時，能確認場所或說出位置即可。

家族個別資料

名				
生年月日				
司・學校地址				
司・學校電話				
型				
病、病歷				
備用藥				